麻理惠的
怦然心動筆記

整理專家的第一本
插畫問答整理魔法書

The KonMari Companion

近藤麻理惠 著　林佩瑾 譯

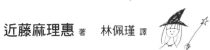

Introduction

前言

大家好，我是近藤麻理惠。

這本筆記的宗旨，說穿了，就是希望能幫助你「打起幹勁整理收納，度過怦然心動的每一天」！或許，有些讀者已經了解「麻理惠流」的「怦然心動整理法」，但是由於某些原因而受挫，或是明明想整理，卻拖了好幾個月……如果你也有這些煩惱，拿起這本書就對了！

本書最大的優點，就是讓你在整理的過程中，能坦然面對自己。本書架構如下：先學會整理的方法，接著遵照建議寫下自己的想法或思緒，照著做做看，就能了解自己「平常習慣如何拿東西」，以及「為什麼遇到瓶頸」。面對自己，是整理環境能否成功的重要關鍵。唯有透過整理來了解自己重視什

麼、擁有什麼樣的價值觀，才能成功整理環境，而且不會被打回原形。

這本筆記本，不僅可以讓你寫下「理想中的生活樣貌」，也有許多空間，讓你盡情寫下「整理時領悟了什麼」，以及心境上的變化。「自己親手寫字」，可是非常重要的過程喔。

這年頭有很多人喜歡用智慧型手機或電腦做筆記，但是各位可千萬別小看手寫的效果。比起用腦袋思考，透過文字來記錄自己的狀況或心情，更能使你看見真實的自己。

就拿我來說吧，我平常習慣將生活中令人怦然心動的時刻及思緒寫在筆記本上，由於經常面對自己的心動時刻，久而久之，就逐漸明白自己喜歡做哪些事，也了解哪些東西能滿足自己。

整理環境，是一個能讓你專心「面對自己」的大好機會。請利用這本筆記，透過整理環境來面對自己，打造乾淨整齊的居家環境，以及怦然心動的理想生活。

當然，所有步驟都寫在書中了，各位不必想得太難。

首先，準備一枝讓你怦然心動的筆，抱著愉快的心情翻開書頁吧！

Contents

目錄

無法整理環境，並不是你的錯

你心裡想著：好想住在整理得乾乾淨淨的房間裡！可是，卻抽不出時間、提不起勁、不知該從何下手，或是才剛整理完，沒多久又變亂了……以上種種讓你好沮喪，責怪自己為什麼辦不到——你是否也遇到了這些事呢？

無法整理環境，並不是你的錯。絕對不是因為你「太忙」「個性粗枝大葉所以做不來」，你辦不到，是因為沒有察覺到「自己對物品的情感」；你辦不到，是因為沒有正視自己擁有的物品，只是把東西一股腦兒收起來，或是丟得不乾不脆。

所謂的「整理」，其實很簡單。只要把東西丟掉，然後決定剩下來的東西放哪裡就好。因此，如果不先了解自己「為什麼狠不下心丟東西」及「為什麼丟得不乾不脆」，就算你早已想好物品的收納位置，還是整理不完。

我常說：「整理的關鍵，九成在於你的心態。」你必須傾聽自己的心聲，才能擁有正確的心態。記住「怦然心動」法則，就能幫助你在整理的過程中，檢視自己對物品的情感。

整理環境只有兩個重點

丟棄物品 ⇒ 決定物品的收納位置

丟棄物品 ＝ 只留下真正令自己「怦然心動」的東西

決定物品的收納位置 ＝ 收納時務必記住「怦然心動」法則

為什麼做筆記能幫助你確實整理環境？

1 照著建議做筆記，就能順利照著步驟整理

如果不改變心態就開始整理，肯定不順利。此外，「順序」是順利整理環境的重要關鍵，就算你不知道該從何做起，只要照著書中的建議做筆記，就能檢視自己對物品的情感，了解自己當下該做些什麼。

2 做筆記就像在上課，有助於了解心動的感覺

我上整理課程時，會將東西一個個拿起來問大家：「你對它心動嗎？」一般人平時不大會留意自己對物品是否有心動的感覺，在還沒習慣之前，可能有點難獨自摸索。你可以藉著這本筆記來反覆書寫、檢視自己的心情，進而培養這方面的敏銳度，掌握怦然心動的關鍵，就像上了我的課一樣。

3 自己的行程表自己規劃，沒有時間壓力

想花多久時間整理環境，全由你自己決定。短時間內一鼓作氣完成當然最好，但若是真的抽不出時間，也可以選擇每週末整理一次，或是每天抽出幾小時整理，這樣才不容易半途而廢。合理的時間規劃，也是通往成功的一條路徑。

請遵守「怦然心動整理法」的規則

RULE 1

不是分區整理，而是分類整理

很多人整理後又被打回原形，是因為犯了「分區整理」的錯。分區整理哪裡有問題？問題在於，你無法掌握物品的數量。很多時候，同一類的東西分散在家中各處，導致當事人不知道自己「東西囤積太多了」。因此，整理必須按照「物品類別」來著手。例如書籍，請將散落各處的書與雜誌集中在同一個地方，如此一來就能一目瞭然，了解自己囤積了多少不必要的東西。先了解這點，才能進行下一步。

RULE 2

按照正確順序整理

整理必須從衣物開始。日常衣物最容易檢視「怦然心動度」，也很適合用來培養「怦然心動敏銳度」。接著，再來整理書籍、文件、雜物、紀念品，在整理的過程中，你的判斷力也會變得越來越好。

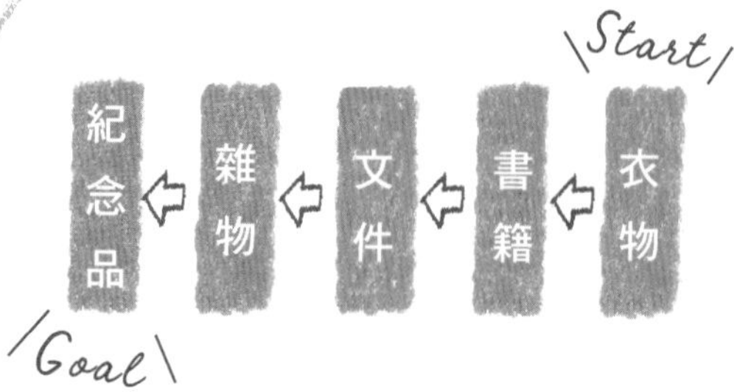

RULE 3

先想怎麼做，再開始整理

整理的一大關鍵，在於你對生活的定位與想法。請在每一個步驟寫下自己的心得與感想，邊寫邊做，能使你的整理之路更踏實。

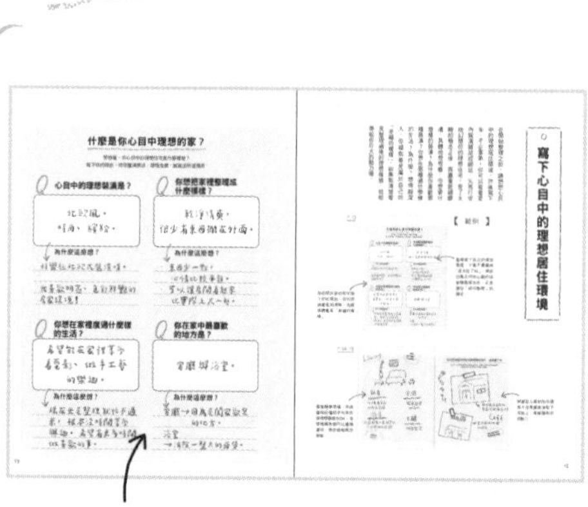

寫在這裡

照著本書的流程進行，輕鬆做到「怦然心動整理法」

你是不是不擅長整理呢？明明讀過我的書，卻老是提不起勁整理？或是動手嘗試過，卻碰到挫折？這本筆記本，就是為了幫助你成功整理而寫的。

每個人都能整理。只要做法正確，就不會被打回原形。整理遇到瓶頸，是因為方法錯了。我會按照步驟解釋如何做到「怦然心動整理法」，因此各位不需要迷惘。第一步，請你先具體勾勒理想中的居住環境（想在哪個房間、過怎樣的生活），接著再依序處理衣物、書籍、文件、雜物、紀念品，將各類物品集中在一個地方。然後，將那些東西一個個拿起來檢視，只留下令你怦然心動的物品。最後，想想留下來的東西「該放在哪裡」，再將東西收好。

以上就是整理流程。每個階段都有表格欄位供你寫下心得與感想，因此，每次你都能邊整理邊檢視心情，不至於雙手忙著整理，腦袋卻放空了。待完成最後一頁，家裡只會留下令你怦然心動的物品，而且整理得井井有條；此時，「理想中的怦然心動居家環境」，便大功告成。

Chapter 1

具體勾勒 **理想中的** 居住環境

掌握現狀

Chapter 2 ~ Chapter 5

按照分類，將家裡的東西全部 **集中** 在一個地方

將東西一一拿起來檢視 **留下** 令你怦然心動的物品

將東西收在 **該收的地方**

最後要果斷收納！

務必先從自己的東西開始整理

你可能會想順便整理家人的東西，但是每個人的價值觀不同，不應該擅自代替家人決定東西該丟或該留。整理環境，務必先從自己的東西開始整理。

東西該丟或該留？用「怦然心動度」來決定就對了

想整理環境，必須先捨棄「丟東西」的想法。沒有理由丟棄的東西，怎麼捨得丟呢？就是因為你的目的是「丟東西」，才會猶豫不決，應該要想想「留下哪些東西」才對。那麼，該如何決定留下哪些東西呢？用「怦然心動度」來判斷就對了。各位乍看可能覺得這標準很模糊，不過整理環境本來就是為了自己的幸福，因此選出能讓自己感到幸福的東西，是非常重要的。

判斷的關鍵在於，你必須把每個東西拿起來摸摸看。觸感如何？你喜歡有它陪伴的感覺嗎？請感受一下身體當下的反應。如果觸摸時有怦然心動的感覺，請一定要留下它。反之，如果沒有怦然心動的感覺，那就代表該放手了。放手的時候，務必謝謝它完成了使命。例如，假設是一件很貴卻不常穿的衣服，就說：「謝謝你讓我知道，我不適合這類型的衣服。」感謝物品完成使命，能減輕丟東西帶來的罪惡感。當然，處理方式不只有丟棄，捐贈或賣給二手商店，也是很好的做法。

如果還是不知道何謂「怦然心動」，該怎麼辦？

- 千萬不要焦急
- 靠直覺選出「最令你怦然心動的三樣東西」
- 用力抱緊它

一開始不了解何謂「怦然心動」，是很正常的。不要焦急，此時你可以將同類型的東西拿來比較看看，甚至幫它們排名也OK（例如最令你怦然心動的三件衣服）。除了觸摸之外，不妨也將物品用力抱在懷裡看看。

「整理之前」該做的事

「好，我要來整理了！」

那位捲起袖子的朋友請等一下，有些事還沒做呢。

第一，你的心準備好了嗎？

請下定決心，這次真的要好好整理環境，活出怦然心動的人生。如果你準備好了，就寫下心目中的理想居住環境。

○ 寫下心目中的理想居住環境

在開始整理之前，請想想心目中的理想居住環境，然後寫下來。不必客氣！你可以看看室內裝潢雜誌或網站，天馬行空地幻想你的理想住宅。有了大略的概念之後，再盡量鉅細靡遺、具體地想想看。你想要什麼樣的裝潢？為什麼你喜歡那種裝潢？你想在那裡過什麼樣的生活？為什麼？想得越深入，你越能看見屬於自己的「幸福的模樣」。如果能清楚看見整理過後的理想樣貌，就能帶給你巨大的動力喔。

【 範例 】

P.13

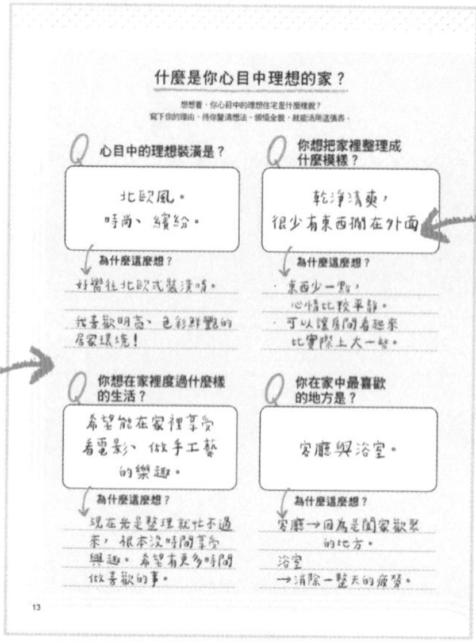

用自問自答的形式寫下你的理由。你的思緒會更加清晰，也能具體看見「幸福的模樣」。

盡情寫下自己的理想環境。千萬不要覺得「這太扯了啦」，將自己真正怦然心動的居家樣貌寫出來，正是通往「成功整理」的捷徑。

P.14-15

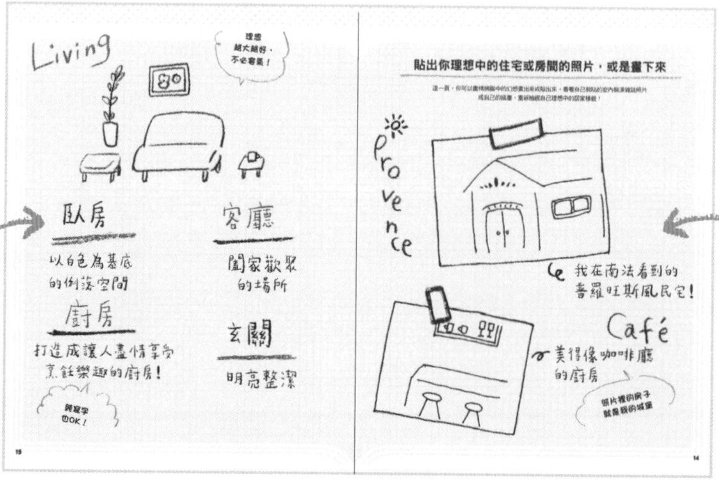

盡量簡單易懂，用插圖或好懂的字句來形容理想環境也OK。空間跟顏色都可以盡情運用，想怎麼做就怎麼做。

將雜誌上看到的外國房子或美麗裝潢剪下來貼上，更能提昇你的動力。

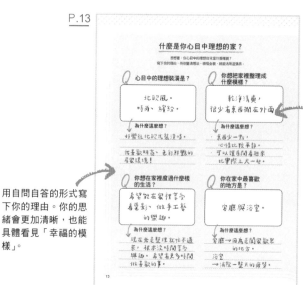

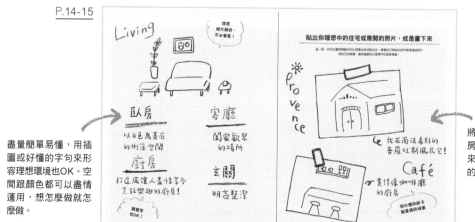

什麼是你心目中理想的家？

想想看，你心目中的理想住宅是什麼樣貌？
寫下你的理由，待你釐清想法、領悟全貌，就能活用這張表。

Q 心目中的理想裝潢是？

為什麼這麼想？

Q 你想把家裡整理成什麼模樣？

為什麼這麼想？

Q 你想在家裡度過什麼樣的生活？

為什麼這麼想？

Q 你在家中最喜歡的地方是？

為什麼這麼想？

貼出你理想中的住宅或房間的照片，或是畫下來

這一頁，你可以盡情將腦中的幻想畫出來或貼出來。看看自己剪貼的室內裝潢雜誌照片或自己的插畫，重新檢視自己理想中的居家樣貌！

照片裡的房子
就是我的城堡

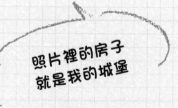

理想
越大越好，
不必客氣！

純寫字
也OK！

○ 什麼是你理想中的生活方式？

Morning 理想的晨間時光

早上起床後，你想度過什麼樣的時光？寫下你理想中的行程表吧！例如「慢慢喝茶」「用吸塵器吸地板」，接著鉅細靡遺地寫下那些行程，再想想那些行程「必須搭配什麼樣的環境」。如此一來，你就能明白「想度過充實的時光，就得先好好整理環境」。

【範例】

P.17

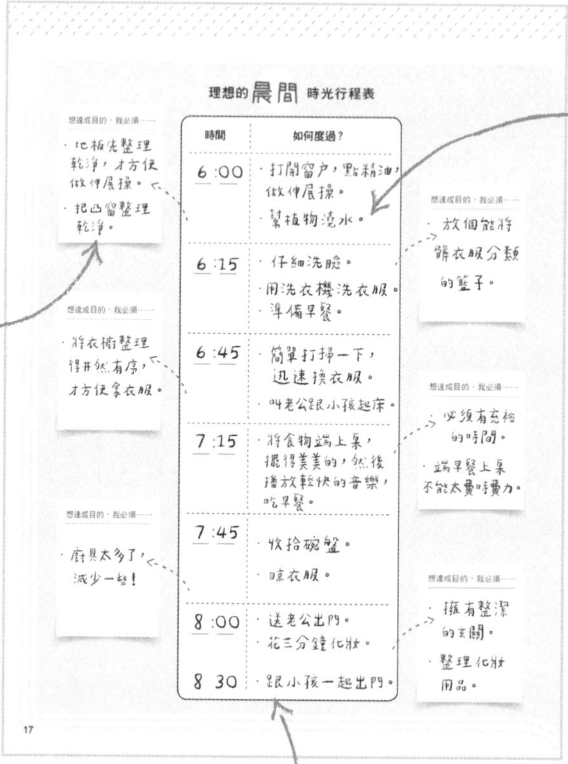

理想的晨間時光行程表

時間	如何度過？
6:00	·打開窗戶，點精油，做伸展操。·幫植物澆水。
6:15	·仔細洗臉。·用洗衣機洗衣服。·準備早餐。
6:45	·簡單打掃一下，迅速換衣服。·叫老公跟小孩起床。
7:15	·將食物端上桌，擺得美美的，然後播放輕快的音樂，吃早餐。
7:45	·收拾碗盤。·晾衣服。
8:00	·送老公出門。·花三分鐘化妝。
8:30	·跟小孩一起出門。

想達成目的，我必須……
·地板先整理乾淨，才方便做伸展操。
·把凸窗整理乾淨。

想達成目的，我必須……
·將衣櫥整理得井然有序，才方便拿衣服。

想達成目的，我必須……
·廚具太多了，減少一些！

想達成目的，我必須……
·放個能將髒衣服分類的籃子。

想達成目的，我必須……
·必須有充裕的時間。
·端早餐上桌不能太費時費力。

想達成目的，我必須……
·擁有整潔的玄關。
·整理化妝用品。

17

請具體寫出：為了達成理想中的行程，必須先注意到什麼？必須先整理哪裡？例如：想做伸展操，必須有乾淨的地板。

如果能度過怦然心動的早晨，就會覺得「今天一定會很順利」。理想寫得越鉅細靡遺，實現的機率越大。

如果妳是家庭主婦，不妨將行程表訂到九點。如果是學生或上班族，就將出門之前這段時間訂為「晨間時光」。

理想的晨間時光行程表

想達成目的，我必須……

時間	如何度過？
___：___	
___：___	
___：___	
___：___	
___：___	
___：___	

想達成目的，我必須……

想達成目的，我必須……

想達成目的，我必須……

想達成目的，我必須……

想達成目的，我必須……

Evening

理想的夜間時光

不只是晨間時光，我也要請你想想下班、下課、買完晚餐回家後，該如何度過理想的夜間時光。若睡前這段時間運用得當，不僅睡眠品質會變好，早上也不容易賴床。因此，你必須想想看，應該打造出什麼樣的環境。想要一夜好眠，重點在於盡量放鬆，所以，你必須規劃充足的時間與空間，讓你避開刺激、盡情放鬆。

【範例】

回家後到睡覺前這段時間，是為了讓你充電、好好睡覺，以迎戰新的一天，所以行程不要排得太緊湊。

想一想，什麼樣的空間能讓你盡情放鬆？朝這方向進行，你就知道理想的夜間時光需要些什麼了。例如：不在桌上堆東西。

P.19

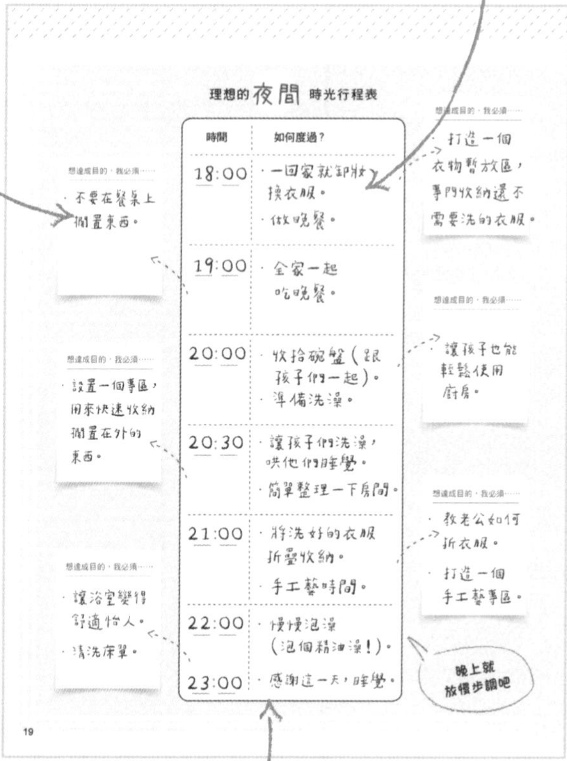

理想的夜間時光行程表

時間	如何度過？
18:00	．一回家就卸妝、換衣服。 ．做晚餐。
19:00	．全家一起吃晚餐。
20:00	．收拾碗盤（跟孩子們一起）。 ．準備洗澡。
20:30	．讓孩子們洗澡，哄他們睡覺。 ．簡單整理一下房間。
21:00	．將洗好的衣服折疊收納。 ．手工藝時間。
22:00	．慢慢泡澡（泡個精油澡！）。
23:00	．感謝這一天，睡覺。

想達成目的，我必須……
．不要在餐桌上擱置東西。

想達成目的，我必須……
．設置一個專區，用來快速收納擱置在外的東西。

想達成目的，我必須……
．讓浴室變得舒適怡人。
．清洗床單。

想達成目的，我必須……
．打造一個衣物暫放區，專門收納還不需要洗的衣服。

想達成目的，我必須……
．讓孩子也能輕鬆使用廚房。

想達成目的，我必須……
．教老公如何折衣服。
．打造一個手工藝專區。

晚上就放慢步調吧

19

睡前記得感謝身邊的人、住家、物品，以及你度過的這一天。這麼做有助於重整心態，讓你神清氣爽地醒來。

我在睡前會避免做這些事情：

不上網，不玩手機

玩電腦跟手機時，眼睛會長時間接觸亮光，帶給眼睛跟大腦強烈的刺激。越晚越要避開3C產品，以免影響睡眠品質。

不喝冷飲

喝冷飲會活化交感神經、抑制副交感神經，進而影響睡眠。睡前我都喝有助於放鬆心情的無咖啡因熱飲。

理想的夜間時光行程表

時間	如何度過？
___:___	
___:___	
___:___	
___:___	
___:___	
___:___ ___:___	

想達成目的，我必須……

想達成目的，我必須……

想達成目的，我必須……

想達成目的，我必須……

想達成目的，我必須……

想達成目的，我必須……

晚上就
放慢步調吧

○仔細觀察家裡跟物品的現狀

具體勾勒出理想中的居家規劃後，接著要檢視一下家裡目前的狀況。冷靜地繞家裡一圈，就能掌握目前家中物品的數量。

別忘了記下家中的收納空間，這點非常重要！只要知道有哪些收納空間，最後決定收納場所時，就能輕鬆搞定。

此外，不妨順便拍下房間與收納空間的照片，有助於掌握家裡的凌亂度。有了整理前的照片，你會更期待房間蛻變後的模樣！

【範例】

P.21

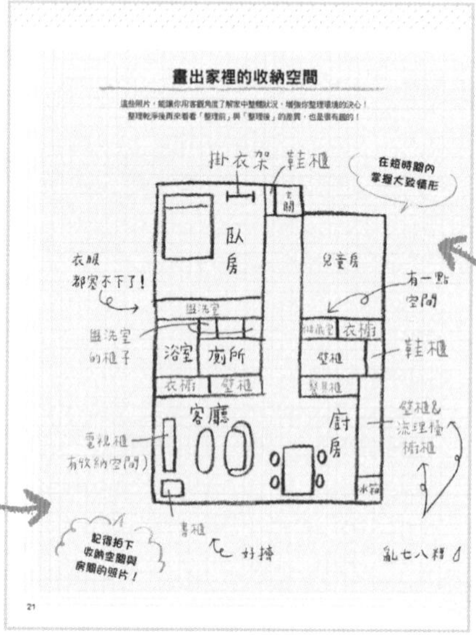

繞家裡一圈，把格局簡單地畫出來，大略畫出衣櫥、五斗櫃等收納空間的所在位置。

不必在意裡面放了些什麼，只要看看空間夠不夠就好，例如：「這裡太擠了」「這裡還有位置」，簡單備註即可。

最好把照片印出來貼上。房間亂糟糟也沒關係，這些照片能使你的決心更加堅定。「我一定要把房間整理乾淨！」

P.22-23

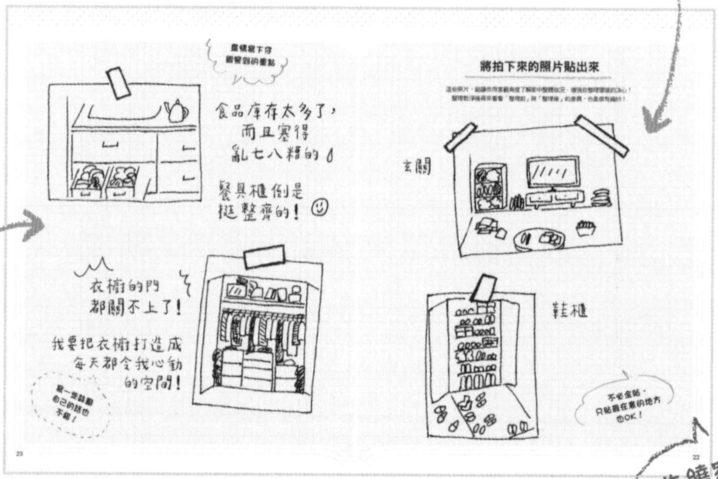

把你觀察到的事情一一寫下來，例如：「同樣種類的東西卻收在不同的地方」「衣櫥擠到爆炸」「洗臉檯還不錯」等等。

先繞家裡一圈看看！

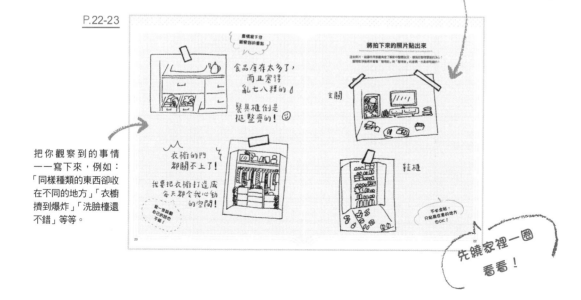

畫出家裡的收納空間

這些照片，能讓你用客觀角度了解家中整體狀況，增強你整理環境的決心！
整理乾淨後再來看看「整理前」與「整理後」的差異，也是很有趣的！

在短時間內
掌握大致情形

記得拍下
收納空間與
房間的照片！

將拍下來的照片貼出來

這些照片，能讓你用客觀角度了解家中整體狀況，增強你整理環境的決心！
整理乾淨後再來看看「整理前」與「整理後」的差異，也是很有趣的！

不必全貼，
只貼最在意的地方
也OK！

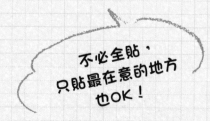

盡情寫下你
觀察到的重點

寫一些鼓勵
自己的話也
不錯！

○ 設定整理環境的行程表

我都說整理就是一種「慶典」。慶典不會永無止境持續下去，只會在短期內開始、短期內結束。現在就來想想，應該何時開始、何時結束吧！「整理慶典」結束後，平時你只要將用過的東西放回原位就好；儘管慶典期間累得要死，但慶典後就解脫了，而且還能在喜歡的空間度過寧靜祥和的生活。換個角度想想，「整理」不就像是一項有趣的活動嗎？

你可以自由決定期限，記得另闢一段時間來處理容易拖延的麻煩事喔！

設定目標

所有東西必須在

　　　年

　　　月　　　日之前

整理完畢！

衣物	月	日	點	開始
	月	日	點	結束
書籍	月	日	點	開始
	月	日	點	結束
文件	月	日	點	開始
	月	日	點	結束
雜物	月	日	點	開始
	月	日	點	結束
紀念品	月	日	點	開始
	月	日	點	結束

截止日可以隨時更改

一旦開始整理，才發現比想像中更花時間、目標比想像中更難達成，怎麼辦？別灰心！你隨時都能更改截止日期。截止日可以改，但你必須每次都確實設定好日期，這才重要。如果東西太多或時間不夠，不需要硬是設定所有整理工作的截止日，不妨先從簡單的開始做起，比如「先在這段期間內把衣服整理完畢！

整理行程表參考範例

這裡有四個人提供了寶貴經驗，她們都上過我的整理課程。
請找出跟你類型最接近的人，參考她的整理行程吧。

忙得抽不出時間的
慢工出細活型

三十幾歲
上班族 T小姐，
花了**八個月**。

我們一家五口住在五房兩廳一廚的房子裡。由於家裡空間太大，因此到處都是雜物。起初實在無法狠下心丟棄物品，後來固定一個月上一堂課。第五堂課開始整理廚房雜物，從這一刻起家裡變得煥然一新，家人也願意一起幫忙。全部課程共計八堂，這八個月來，家園與全家人都變得截然不同。

四十幾歲
的超級忙碌上班族 I小姐，
花了**一年半**。

我獨自住在兩房兩廳的房子裡。衣服多得不得了，第一堂課花了八小時不斷檢視衣物，第二堂課開始整理衣飾雜物。幾個月上一堂課，共計六堂課之後，整個家都整理完畢了。現在回想起來，當初應該請特休，早點整理完畢才對！不過，有人指導還是比自己埋頭苦幹來得有效率，我覺得很開心。

很想趕快整理完的
短期集中型

丈夫即將調職的
四十幾歲家庭主婦
Y太太，花了**兩星期**。

我們一家三口住在兩房兩廳一廚的房子裡，丈夫將於一個月後調職，於是我決定來上整理課。在兩星期四堂課的課程中，第一堂整理了衣物跟書籍，第二、三堂整理了雜物，第四堂整理了紀念品。我成功割捨了小孩子穿不下的衣服、不用的餐具與大量書籍，也節省了搬家費用呢！

三十幾歲
上班族 K小姐，
花了**一個半月**。

我住在一房兩廳一廚的房子裡，在為期一個半月的四堂課中整理完畢。第一堂整理衣物，第二堂整理書籍跟文件，第三堂整理廚房以外的雜物，第四堂整理了廚房雜物跟紀念品。閒暇之餘，我也在每堂課的空檔獨自整理一些瑣碎的物品，因此短期間內就俐落整理完畢，最後也對自己有了信心。

好，事前的準備工作都結束了！

既然腦中已勾勒好理想中的居住環境，也掌握了家裡的現況，接下來就該整理了。
趁現在把你的決心與心情都寫下來，以方便在整理途中反覆檢視。

這一次，
你要寫得比上次
更具體唷！

Q 再好好想想，你想過什麼樣的生活？

Q 簡單地說，現在的心情是？

Q 展現你的決心吧！

來整理「衣物」吧！

整理環境必須先從衣物開始，因為衣物很容易判斷「要留」或是「不留」，而且類別分得很清楚，從這裡著手再適合不過。

不僅如此，一邊做筆記，一邊從大量衣物中過濾、挑選，也能順便培養「怦然心動敏銳度」。

別忘了，一定要參考「麻理惠流」的折疊、收納法喔。

寫下開始與結束日期吧！

開始	年	月	日	點
結束	年	月	日	點

照著做，就不會被打回原形！

整理衣服有四步驟，分別是收集家中的衣物、選出心動的衣物、折疊、收納；包包跟鞋子也包含在內。

1 收集

把自己的衣物從家中找出來，堆在一起

把自己的衣物從家中每個角落翻出來，堆放在一個地方。大多數的人看到堆積成山的衣服，都會大吃一驚。務必記錄下來，掌握衣物的數量。好了，來挑戰「衣服山」吧！

2 留下令你怦然心動的衣物

一件一件拿出來觸摸，只留下心動的衣物

從「衣服山」裡拿出一件件衣物觸摸，看看心不心動。千萬別因為「這件衣服不常穿」或是「留著當家居服或許不錯」，而把衣物留下來，只能留下令你怦然心動的衣物。過濾完畢後，有些人的衣物量只剩下三分之一或四分之一呢！

按照順序檢視心動的感覺

越是靠近心臟的物品，越容易判斷心動的感覺，因此先從上衣開始，再按照左圖的順序推進。若是衣物太多、沒時間好好集中整理，不妨按照類別著手，整理起來會輕鬆許多。

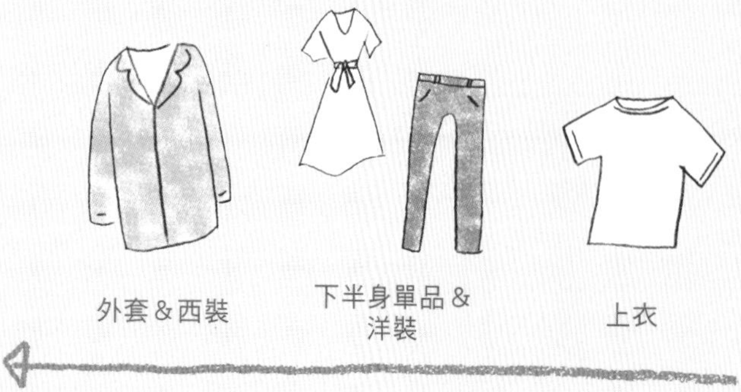

你的衣櫥，從今天起只會
留下怦然心動的衣物！

3 折好

能折的東西要全部折好

衣物分成「折疊收納法」與「吊掛收納法」，前者比後者省空間多了！此外，親手折疊衣物，也能接收衣物的能量。除了大衣那類掛起來比較不占空間的衣物之外，其他的全都折起來吧！

4 收納

先收吊掛類的衣物，再收折疊好的衣物

先從吊掛類的衣物開始收納。收納時，下襬較長的掛左邊，下襬較短的掛右邊，看起來像是上揚的成長趨勢圖，看了心情真好。吊掛的過程中，如果覺得有些衣服可以折起來，就折起來吧！接著，再將折好的衣物收好。

鞋子　特殊場合專用　配件　包包　內衣褲　襪子

Check □

上衣

T恤、襯衫、針織服飾、毛衣這類的上衣，是比較容易判斷心動感的物品。請看著那堆衣服山，寫下你觀察到的特點，然後只留下令你怦然心動的衣物，將它們折起來。至於不感到心動的衣物，就謝謝它們一路以來的陪伴，然後放手吧。

一件一件觸摸，只留下心動的衣物

如果實在很難判斷，不妨先從現在不需要穿的過季上衣開始著手，會簡單許多。猶豫不決的時候，別忘了問自己以下四個問題。

猶豫不決時，請問問自己：

- □「上次穿這件衣服是什麼時候？」
- □「下一季還想見到它嗎？」
- □「接下來還會珍惜它嗎？」
- □「你喜歡穿著它的自己嗎？」

面對不心動的物品，請在道謝之後放手

數量大約多少？

兩大袋、三十件衣服……

抓個大概的量就好。

將所有衣物集中在一起，寫下你觀察到的特點

例如：

- 黑色衣服很多
- T恤多達六十件
- 鬆垮垮的衣服比想像中還多

下次買東西前記得避開！

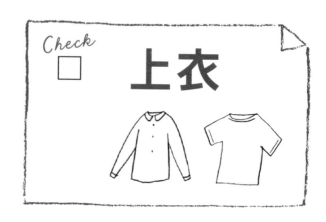

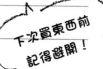

能折起來的衣物，全都以直立收納的方式 折起來

所有的衣服都先折成長方形，最後再折成「小小的四方形」。只要折法正確，衣服一定能直立。如果折不好，只要記得目標是讓衣服直立，你就能越折越順手！

長袖的折疊法

1

跟基本短袖折疊法一樣，將衣服劃分為三等分，折起其中一邊。

2

將凸出來的袖子依線對齊，往後折起來。

3

袖子沿著衣身往下折。

4

另一側也同樣對折，變成長方形。

5

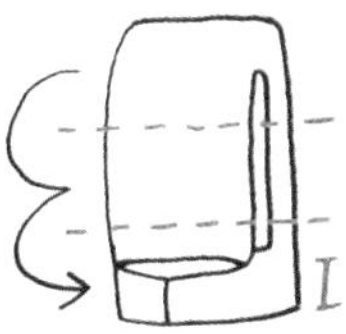

將領口朝著下襬對折，再沿著折線朝下襬對折兩三次。

6

只要能變成自行站立的小四方形就成功了！滌綸材質的衣服，不直立也沒關係。

基本的短袖折疊法

1

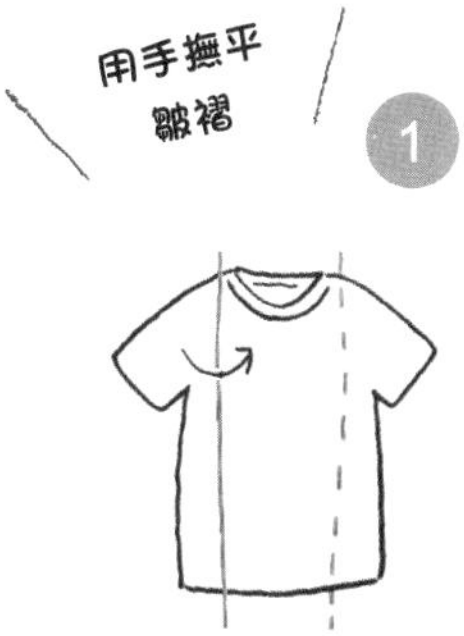

將衣服正面朝上攤開，劃分為三等分，折起其中一邊。

2

將凸出來的袖子依線對齊，往後折起來。

3

另一側也同樣對折，變成長方形。

4

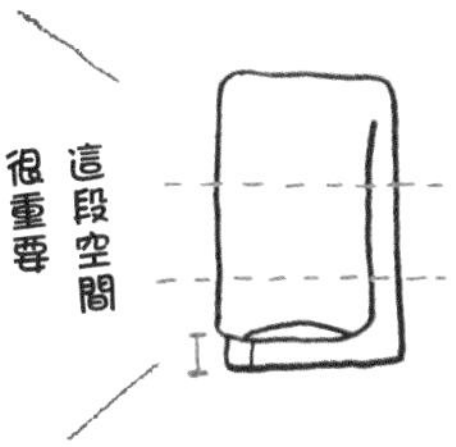

將領口朝著下襬對折，下襬必須留一些空間，這樣折起來才漂亮。

5

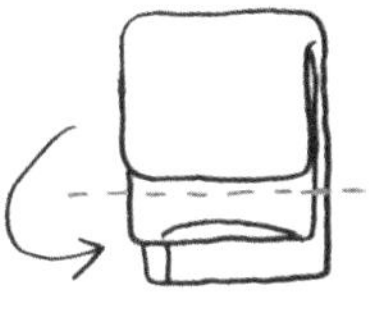

沿著折線朝下襬對折兩三次，折成小小的四方形。

6

折好後，如果衣服能自行站立，那就成功了。如果無法自行站立，就調整寬度或折疊次數。

Check

□下半身單品&洋裝

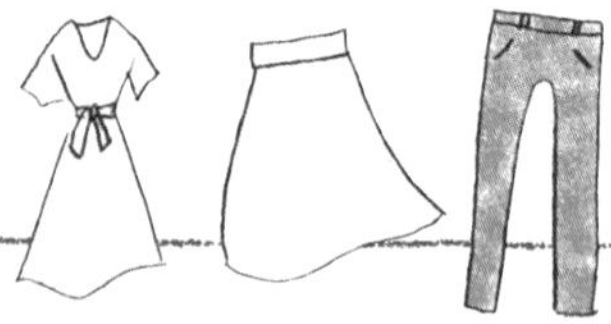

接下來要檢視的是下半身單品與洋裝。建議分門別類進行（例如：裙子、長褲、牛仔褲……），做起來比較容易。如果有些單品想留到變瘦再穿，請想像一下自己為了變瘦而努力的模樣，看看心不心動。若只是捨不得就這麼丟掉，代表是時候該放手了。

一件一件觸摸，只留下心動的衣物

如果你比較喜歡褲子，不妨先從比較容易冷靜判斷的單品開始著手（例如：裙子）。下半身單品是雕塑下半身線條的關鍵，只能留下真正心動的款式。

千萬不能因為「捨不得丟掉，就留著當家居服」！

很多人會將留下來的衣物「降格」為家居服，到頭來還是不穿，久了還不是得把這些不心動的衣物丟掉。怦然心動的家居服，應該另外準備才對。

面對不心動的物品，請在道謝之後放手

數量大約多少？

兩大袋、三十件衣服……

抓個大概的量就好。

將所有衣物集中在一起，寫下你觀察到的特點

例如：

・牛仔褲多達十五件

・有些褲子已經穿不下了

・相同款式的裙子過多

是不是退流行了？穿起來合身嗎？

能折起來的衣物，全都以直立收納的方式折起來

褲子與裙子也要折成直立式的長方形。牛仔、棉質、羊毛等材質的裙褲，基本上也是折起來，但是有折線的褲子或容易有皺褶的裙子、洋裝，則應該吊掛收納。

洋裝的折法

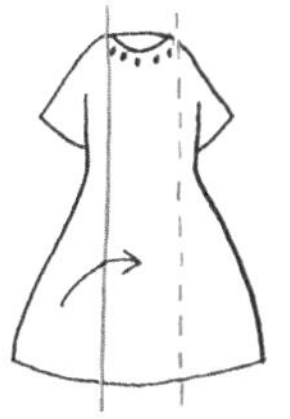

1 正面朝上攤開，劃分為三等分，折起其中一邊。

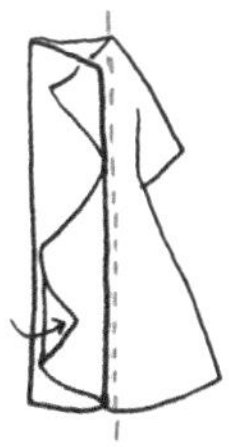

2 將凸出來的袖子與裙襬依線對齊，往後折起來。如果是蓬蓬裙，就將凸出來的部分再對折。

就當作在折紙！

3 另一側也同樣對折，變成長方形。

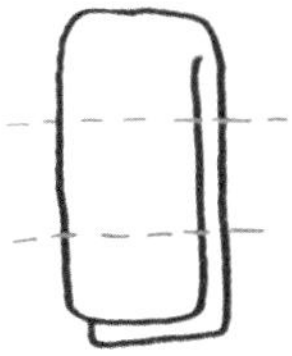

4 由領口朝裙襬對折兩三次，務必稍微錯開裙襬。

5 折成能自行站立的小四方形，大功告成。

裙子的折法

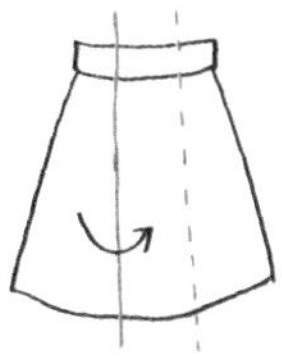

1 正面朝上攤開，劃分為三等分，折起其中一邊。

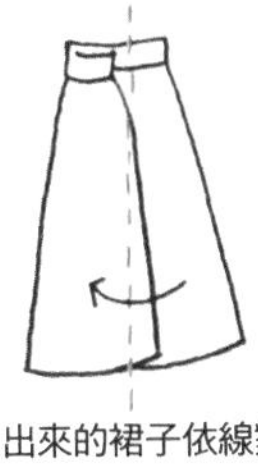

2 將凸出來的裙子依線對齊，往後折起來。

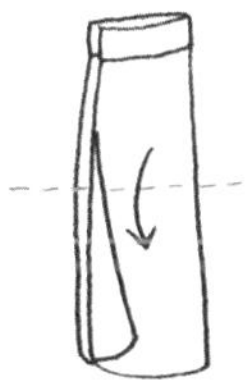

3 另一側也同樣對折，變成長方形，接著由裙頭向裙襬對折（必須稍微錯開）。

4 從折線向裙襬對折兩三次，折成小小的四方形。

長裙可以用捲的！

褲子的折法

1 褲子正面對折，然後再將臀部凸出的部分向內折。

記得要稍微錯開！

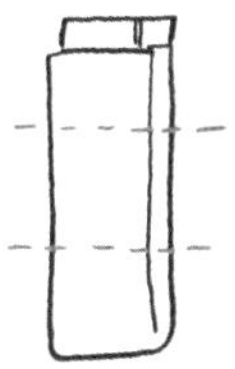

2 將褲腳朝著褲頭對折，折到腰帶下方即可，這樣折起來比較整齊。

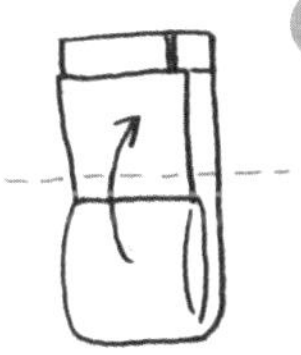

3 劃分成三等分，往上折兩次。

4 折成能自行站立的小四方形，大功告成。如果無法自行站立，就調整寬度或折疊次數。

Check □ 外套&西裝

外套、西裝、大衣這類不能折的衣物，基本上要吊掛收納。選出怦然心動的款式後，就直接連同衣架罩上防塵套吧。毛線大衣跟羽絨外套可以折，如果這一季不會穿，不妨折疊收納。

一件一件觸摸，只留下心動的衣物

昂貴的大衣跟西裝，確實令人難以割捨。此時不妨穿上它們站在鏡子前，差異一看便知，有助於判斷心動與否。

面對不心動的物品，請在道謝之後放手

數量大約多少？

兩大袋、三十件衣服……

抓個大概的量就好。

不想折的衣服，就歸類在「吊掛收納區」吧

原本就掛在衣架上的衣服，先將它們歸類在「吊掛收納區」，不必特意拿下衣架。如果你大部分的衣服都掛在衣架上，請挑出「不想折疊的衣服」，其他的全都折起來。

將所有衣物集中在一起，寫下你觀察到的特點

例如：

- 外套都破洞了
- 有些西裝款式都退流行了
- 居然有三件長達好幾年都沒穿的外套！

你留著這些大衣，是不是只因為它們很貴？

能折的外套，全都寬鬆地 折起來

毛線大衣跟羽絨大衣的布料很厚，又含有很多空氣，所以要折得寬鬆一點。如果外套太占空間，建議放入環保袋或束口袋收納，盡量將裡面的空氣壓出來。

羽絨外套的折法

1

正面朝上攤開，左右對折，再將兩隻袖子重疊往後折，變成長方形。

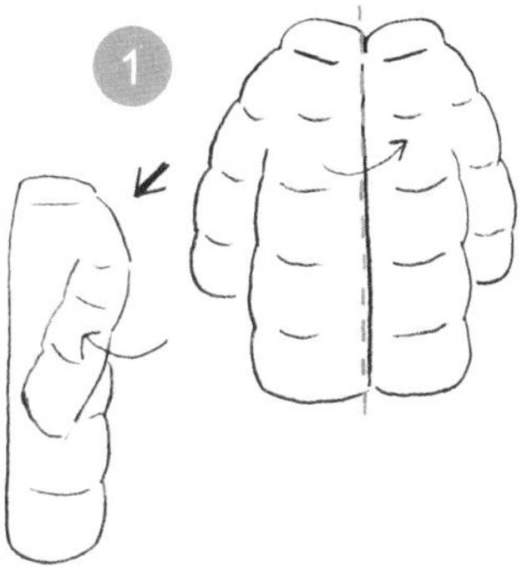

1

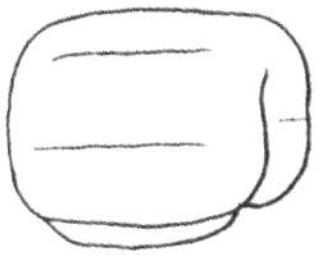

依據大衣的長度，將領口朝著下襬折成三折，然後就可以收進抽屜裡了。

3

如果想折得更密實，不妨一邊壓出空氣，一邊將它塞進小兩號的環保袋或束口袋。

4

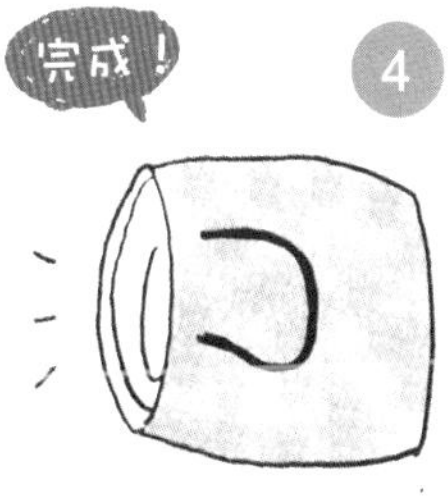

將環保袋或束口袋橫放收納。如果沒有袋子，用包袱巾包起來也可以。

毛線大衣的折法

1

正面朝上攤開，左右對折。

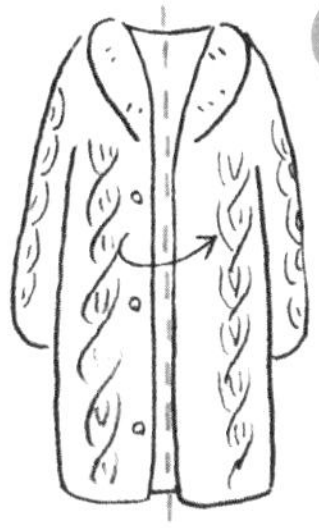

2

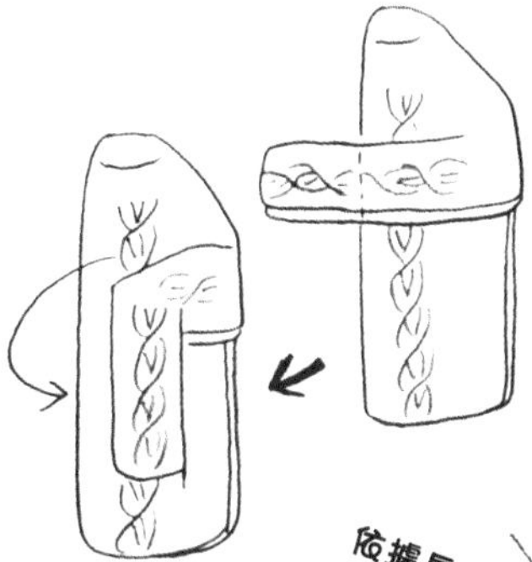

先將兩隻袖子重疊往後折，再將袖子沿著衣身往下折，變成長方形。

3

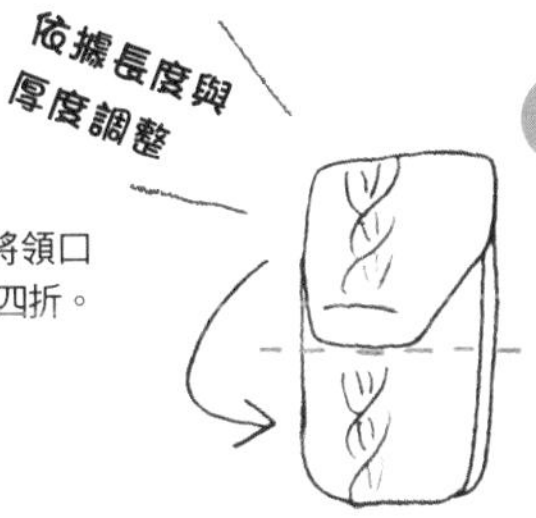

依據大衣的長度，將領口朝著下襬折成三折或四折。

4

折成小小的四方形，大功告成！毛線大衣含有許多空氣，所以不需要立起來。

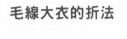

Check □襪子

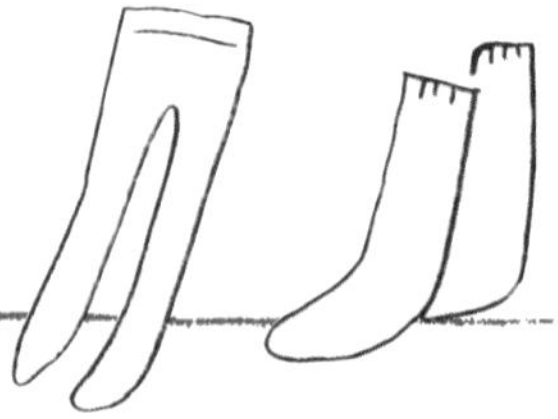

如果數量很多，請分類為襪子、褲襪、絲襪、內搭褲，按類別挑選，還沒打開的備用品也別放過。挑選完畢後再好好折起來，絕對不能揉成一球或是打結。不穿這些襪子的期間，必須讓它們好好休息、靜養。

將所有單品集中在一起，寫下你觀察到的特點

例如：・備用的絲襪太多了

・有些襪子只有單隻

一件一件觸摸，只留下心動的單品

每個人都很容易不小心多買幾雙襪子，過濾的重點是「哪些襪子能讓我心態變積極」？比如「穿上它，工作就很有幹勁」「有助於集中精神」等等。

對生活有幫助的襪子，就是怦然心動的襪子

膚色絲襪或公司、學校規定的襪子，乍看與怦然心動毫無關聯，但只要是對生活有幫助的襪子，就是「心動」的襪子。留下狀態良好的單品就好，其他都丟了吧。

面對不心動的物品，請在道謝之後放手

數量大約多少？

例如：一小袋、二十雙襪子。

留下來的單品，必須以方便收納的形式折好

襪子的折法

短襪

隱形襪或運動鞋專用的短襪，必須重疊對折。

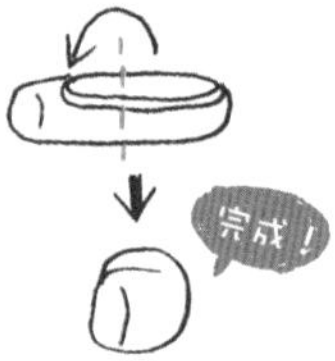

普通的襪子

先將普通長度的襪子重疊，然後對折成長方形，接著再依長度對折兩、三次，折成小小的四方形。

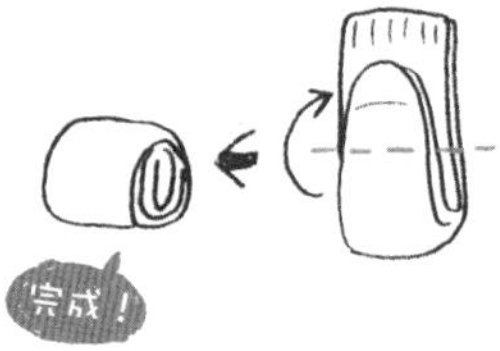

絲襪的折法

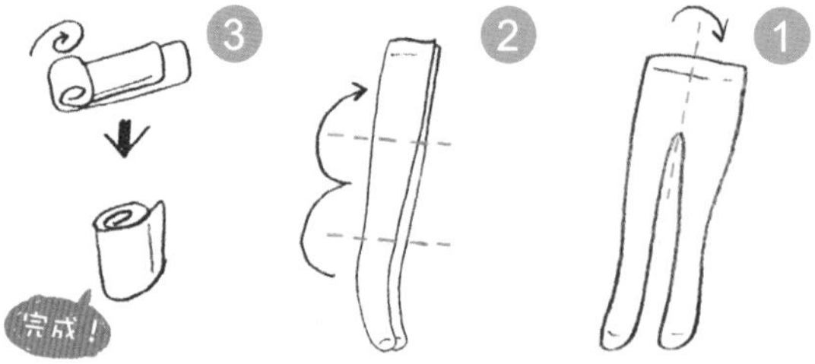

1. 正面攤開，左右對折。
2. 將褲腳朝著褲頭折成三折。
3. 從折線朝著褲頭捲成筒狀，大功告成。

Check □ 內衣褲

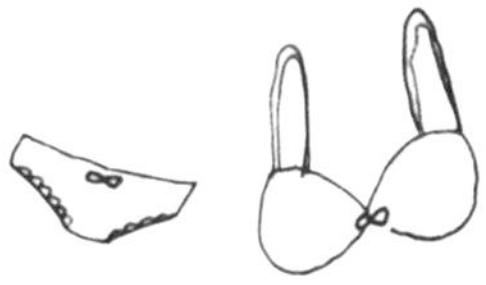

除了胸罩、內褲之外，內搭背心、塑身褲、襯裙、保暖用的腹圍也屬於這個類別。尤其是胸罩，我必須尊敬地稱呼它為「Bra女王」，給予它VIP級的待遇。請挑選出能使妳提昇魅力的單品，其他的就放手吧。折疊時，務必珍惜這份心動的感覺。

留下來的單品，必須小心翼翼 折好

胸罩的折法

1 背面朝上，將肩帶與背帶收進罩杯裡。

2 翻過來檢查罩杯有沒有凹陷，完成！

內褲的折法

1 背面朝上攤開，將底部往上折。

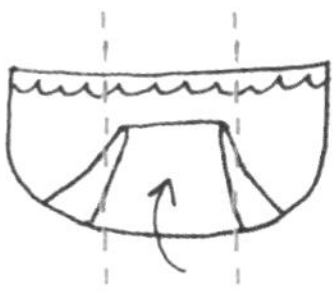

2 將左右兩邊往內折包覆底部，再從下方往上捲。

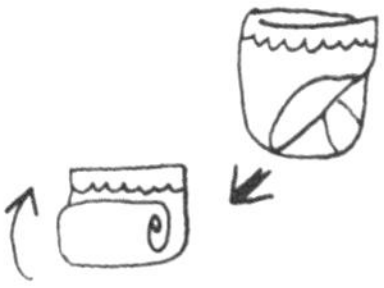

3 翻過來，檢查是否變成筒狀並露出肚臍處的裝飾，是的話就完成了。

將所有單品 集中 在一起，寫下你觀察到的特點

例如：・老舊的內褲太多了

・超過一年沒有買新胸罩

一件一件觸摸，只留下 心動 的單品

內衣褲是直接接觸身體的衣物，千萬不能妥協。想想哪些單品能「使妳穿起來更有自信」，挑選起來就容易多了。

實用型的內衣褲，請想想穿著它能否使妳感到幸福

保暖用的實用型內衣褲，只要穿上去「覺得很溫暖」「感到放鬆」，就必須歸類在「怦然心動」區。猶豫不決時，就用這點當作基準吧。

面對不心動的物品，請在道謝之後放手

例如：一件胸罩、三件內褲。

Check □包包

你是不是捨不得丟掉舊包包呢？捨不得丟掉包包的人，其實比想像中還多。如果不刻意汰換包包，不知不覺中，你珍惜的包包就會埋在包包山裡了。過濾完之後，請將包包折起來或疊起來，盡量縮小體積。購物袋跟環保袋，也拿出來一併整理吧。

留下來的包包，必須折好&疊好

環保袋的折法

1. 攤開袋子，將提帶重疊往下折，然後將袋子左右對折。如果是比較寬的袋子，就折成三折。

2. 從上往下對折，然後再對折。

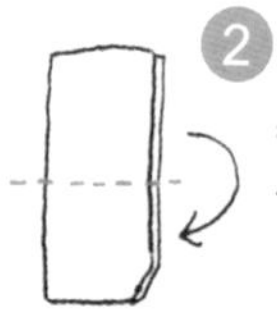

3. 折成能自行站立的小小四方形，大功告成！如果材質比較柔軟，不必直立也沒關係。

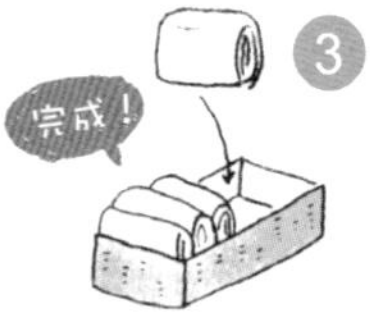

「包中有包」收納術

將包包內部淨空，然後把材質、大小、使用頻率相近的包包疊起來收進去。不過，一個包包最多只能收納兩個包包。

將所有單品集中在一起，寫下你觀察到的特點

例如：・居然拿到十個以上的環保袋！
・從櫃底翻出來的皮包都發霉了。

記得汰換舊包換新包唷！

一件一件觸摸，只留下心動的單品

每次都猶豫要不要帶出門，結果還是留在家裡——這種包包該功成身退了。親手摸摸看，你就能明白。

面對不心動的物品，請在道謝之後放手

數量大約多少？

例如：環保袋五個、背包一個。

整理購物袋時，必須冷靜地計算數量

很多人喜歡將購物袋當成備用包，因此不小心就囤了一堆，請冷靜想想，實際派上用場的購物袋有幾個？將購物袋放進雜誌匣這類較硬的收納盒中，就能避免無謂囤積。

Check □配件

圍巾、披肩、皮帶、手套、帽子、衣服的裝飾品，這類「裝飾用」的單品，都屬於配件類。配件經常散落在家中各處，請將它們集中處理。留下來的配件，能折的就折起來，腰帶則捲起來縮小體積，或是吊掛收納。

將留下來的單品縮小體積折疊&捲好

披肩的折法

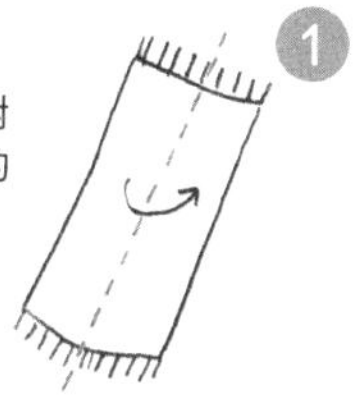

將披肩攤開，左右對折。如果是比較寬的款式，就折成三折。

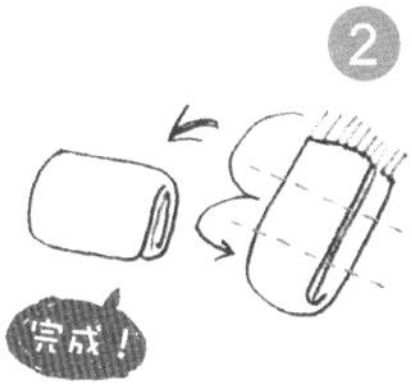

上下對折，如果有流蘇就折進內側，然後再對折兩、三次，變成小小的四方形。

皮帶的捲法

皮帶要從尾端捲向皮帶頭。

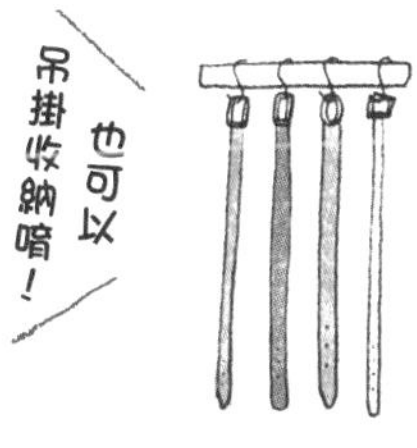

如果衣櫥有空間，也可以用鉤子或專用衣架掛起來。你有哪種收納方式就選哪種！

將所有單品集中在一起，寫下你觀察到的特點

例如：・好幾件疊起來的披肩都皺掉了。
・黑色皮帶一大堆，居然多達五條。

一件一件觸摸，只留下心動的單品

先從遺忘在櫃底許久的單品開始整理，會順利許多唷！

面對不心動的物品，請在道謝之後放手

數量大約多少？

例如：一袋、十個配件。

「或許還會派上用場」
不等於「怦然心動」

大衣上的毛皮或是裙子上的緞帶，這類附屬品千萬不能留下。如果它令你心動，就想想用途，如果不心動，就放手吧。

Check □特殊場合專用

泳裝、浴衣、滑雪裝、聖誕老人裝、發表會專用的服裝……這類衣物即使一年只穿一次，只要使你心動，當然可以留下來。如果數量很多（假設你學茶道，有很多套茶道裝），就額外分門別類，留到「才藝與興趣相關」（83頁）再處理也無妨。

留下來的衣物，全都以直立收納的方式 折起來

滑雪裝、泳裝、萬聖節裝、聖誕裝、跳舞用的洋裝等衣物，全都跟其他衣物一樣折成小小的四方形。至於浴衣跟和服，就維持原本的平整折法。

收納時不必細分，歸在「特殊場合專用」的大分類即可

將所有的特殊場合衣物全部收在大型收納箱裡，就不用擔心找不到了。同一種場合的衣物，也可以跟「特殊場合專用物品」(P.91)收納在一起。

將所有單品 集中 在一起，寫下你觀察到的特點

例如：・今年的萬聖節裝，明年就穿不下了吧。
・三年前親手縫製的洋裝，還是令我好心動！

一件一件觸摸，只留下 心動 的單品

泳裝即使穿得下，也得面臨退流行的問題，請想想下一季是否非它不可。

Cosplay服可以留下來當家居服

以前穿過的Cosplay服，雖然不能穿出去，但只要是令你心動的衣服，不妨留著當家居服。你可以穿上它在房間沉浸在「心動」之中，也可以站在鏡子前面把自己喚回現實世界，然後放手。

面對不心動的物品，請在道謝之後放手

數量大約多少？

例如：兩件泳裝、五件特殊場合專用服。

Check □鞋子

衣物區的最後，要輪到整理鞋子了！鞋子也很占空間，所以先將特殊場合專用衣物整理完，再來整理鞋子。一旦鞋子整理完畢，你的鞋櫃乃至於玄關也會變得乾淨整齊，算是額外的好處！玄關就是一個家的顏面，整理得乾乾淨淨，整個家的氣氛就會變輕快。

一件一件觸摸，只留下心動的鞋子

怦然心動的鞋子，會將你帶往美好的地方。想想看，你想留下哪雙鞋？

穿了會痛的鞋子，再怎麼喜歡也要放手

就算款式再怎麼喜歡，只要穿上去腳會痛，到頭來還是穿不了。除非你喜歡到想留下來當裝飾品，否則最好還是放手。

面對不心動的物品，請在道謝之後放手

數量大約多少？

例如：一雙淑女鞋、三雙運動鞋。

留下來的鞋子，請將鞋底擦拭乾淨

平常不會有人注意鞋底，但鞋底可是捨身支撐著你，所以應該懷著感恩的心，將鞋底擦乾淨。擦完之後，你的心情也會變得很暢快唷。

將家裡所有的鞋子集中在一個地方

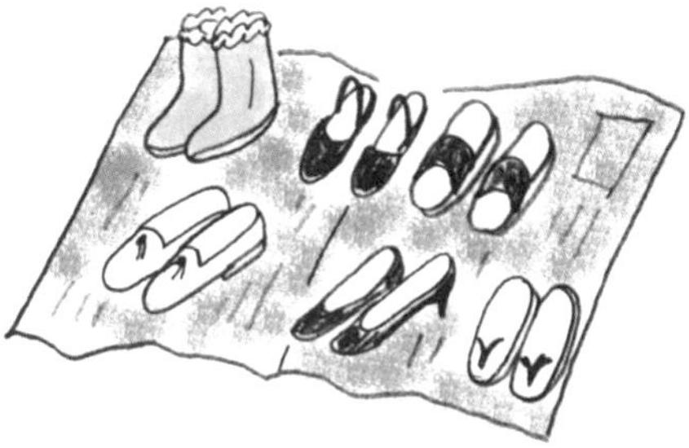

在房間裡鋪報紙，除了玄關之外，也要將抽屜等所有收納空間的鞋子翻出來，集中在一個地方。淑女鞋、運動鞋、靴子……按照類別排在一起，比較容易辨識、判斷。室內拖鞋也要一併處理唷！

將所有鞋子集中在一起，寫下你觀察到的特點

例如：・每次都穿同款式的淑女鞋。

・有些運動鞋最好洗一洗。

檢查看看有沒有發霉的鞋子！

來，一口氣收納完畢吧！

終於來到最終階段了。現在，我們要想好留下來的衣服收在哪裡，將它們全部收好。我提議的都是不需要按照季節分類的方式，不僅能節省取出與收納的時間，也容易掌握衣服數量。首先，先從不需要折疊的吊掛收納衣物開始。將同樣類別的衣物排在一起，從左到右、由長至短排列。

步驟 1

Check

□ 吊掛收納的衣物必須從左到右、由長至短排列

將衣物從左到右、由長至短吊掛收納

如果衣物的下襬能形成向右上攀升的線，看了心情也比較好。依照大衣、洋裝、西裝、襯衫等排序，從左到右、由長至短排列。此外，材質要由厚到薄，顏色由深至淺，從左到右排列，這樣每次打開衣櫥，你都會感到怦然心動。

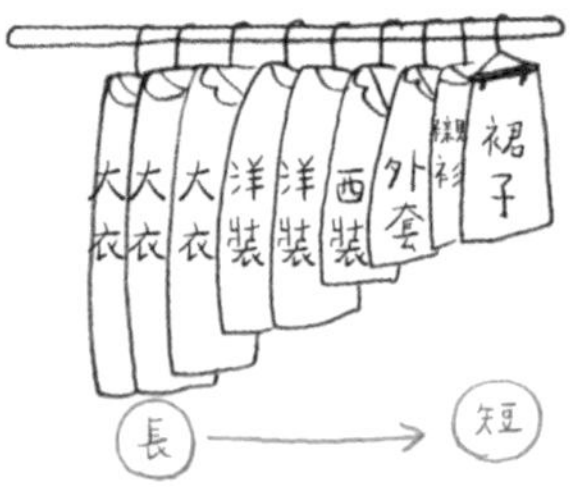

收集所有需要吊掛的衣物，掛上衣架

收集大衣或西裝等不能折疊的衣物，沒有衣架的，就掛上衣架。此時，如果衣架的款式跟顏色各不相同，請盡量換上相同顏色或材質的衣架，能增加你的怦然心動度。

此時可以開始整理
「需要折疊收納的衣服」

如果需要吊掛收納的衣物太多，請重新看一遍所有衣物，將能折疊的衣物折好收納。這樣能節省空間，使衣櫥能容納更多衣物。

步驟 2

Check

□ 折起來的衣物必須留意顏色

折成四方形的衣物，基本上要直立收納在抽屜裡。不是按照季節分類，而是按照單品類別、形狀、材質來大致分類。此時，如果能按照顏色深淺排列，不僅看起來比較好看、便於挑選，也能了解自己的衣服多半是哪些顏色。

上衣先用形狀區分，再用材質來區分

先將所有的上衣分成內搭衣、T恤、毛衣之類的「套頭類」，再將有鈕扣或拉鍊的襯衫、羊毛衫、連帽外套等歸在「前開類」，並按照厚度分類。

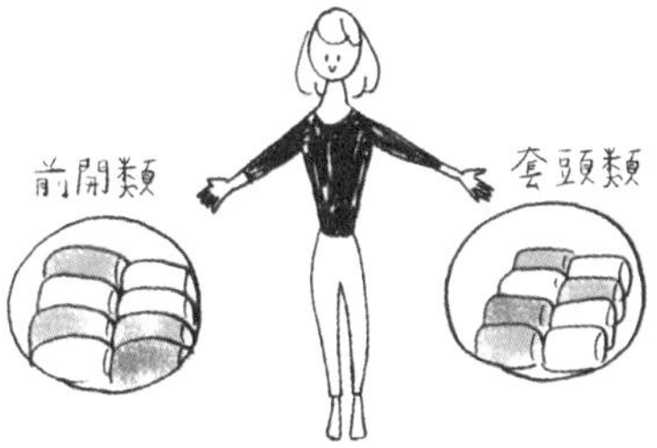

分類完畢的上衣，按照顏色深淺來直立收納

上衣的種類與數量都很多，有時甚至得用上好幾個抽屜。此時不妨將衣物分成「厚的」與「薄的」，要穿時會比較好挑選。衣物須在抽屜內分類收納，將顏色由深至淺、由後往前排列。

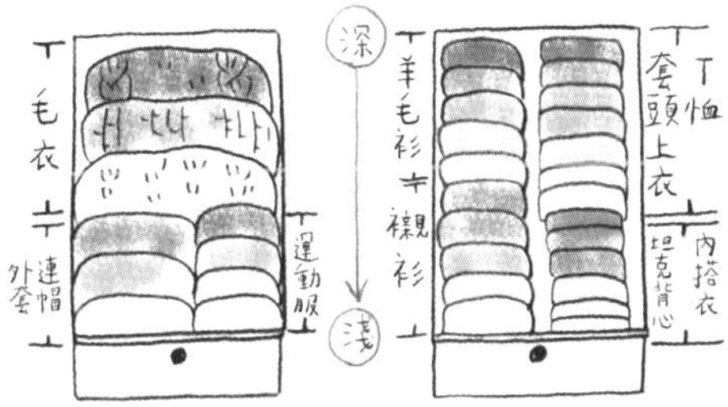

下半身單品先用形狀區分，再用材質來區分

首先，先按照形狀分成褲子、裙子、洋裝等類別，再用材質的「厚／薄」來區分，或是用「感覺像棉質／感覺像羊毛」來區分也可以。牛仔褲要自成一區，比較容易辨識。

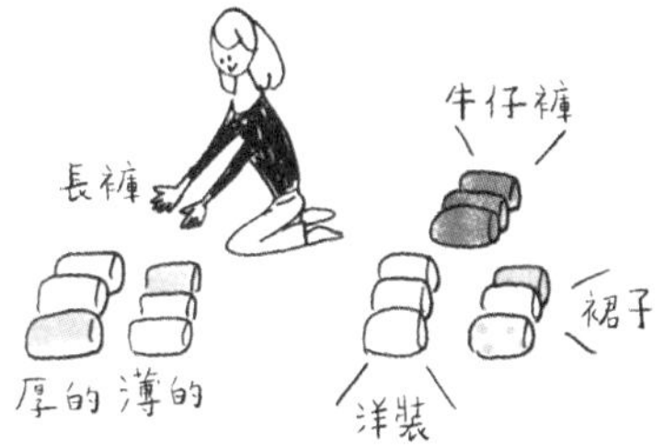

分類完畢的下半身單品，按照顏色深淺來直立收納

一個抽屜分成三排，每排各放置不同形狀的單品，然後再依照材質厚度由後向前直立排列。此外也不妨留意一下顏色深淺，將顏色由深至淺排列。

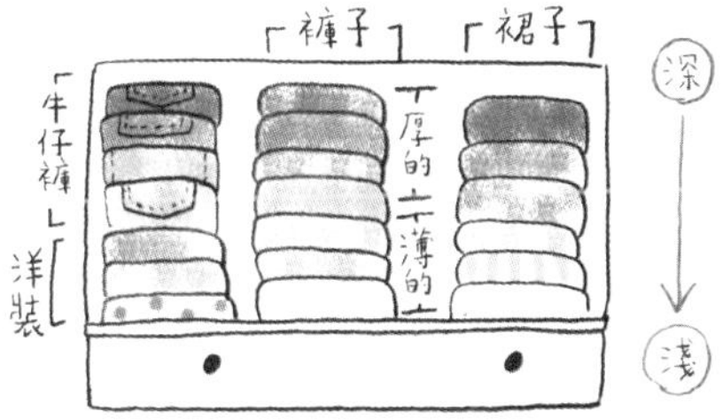

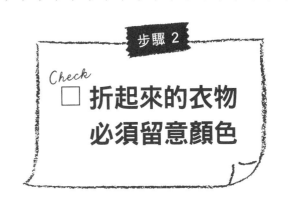

內褲跟絲襪用小盒子比較好收納

內褲與絲襪這類比較薄的單品，用小盒子比較方便收納。內褲可以收在面紙盒，絲襪收在鞋盒最恰當。跟衣服一樣，排列要按照顏色深淺，由後往前、由深至淺排列。

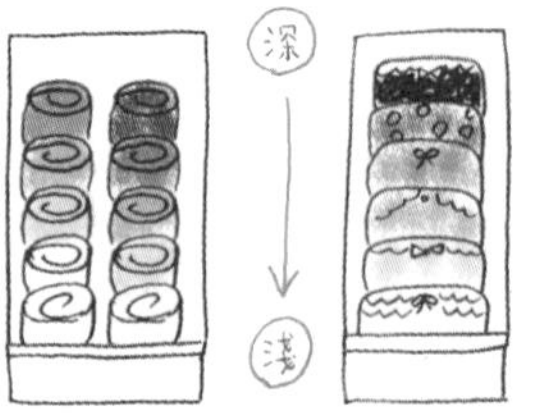

襪子或內衣褲不可以放在洗衣間

你是不是也曾經因為圖方便，就將襪子或內衣褲放在洗衣間（注：日本浴室出來就是洗衣間），想說洗完澡就可以穿？洗衣間是「公共場所」。襪子跟內衣褲不可以放在有人走動的地方，請跟其他衣服一併收在「私人」衣櫥。

胸罩必須以VIP等級對待

包覆女性重要的胸部，使女性心情變好的美麗胸罩，與其說它是衣物，不如說是「看不見的裝飾品」。千萬別壓到、折到，務必小心收納。唯有受到VIP等級待遇的胸罩，必須將比較華麗、厚重的顏色擺在最前面，然後依照顏色深淺排列，顏色淺的放最後。

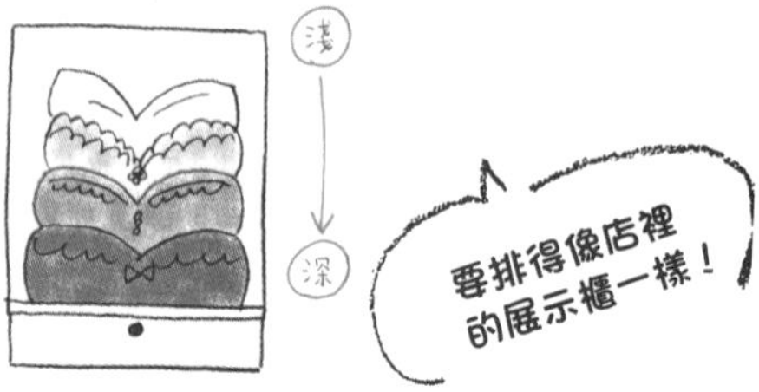

胸罩必須用隔板圍起來收納

如果抽屜裡除了胸罩還放了其他東西，請用收納盒當成隔板，將胸罩與其他東西隔開。「Bra女王」專用的獨立空間，感覺就是特別不一樣。

請留意抽屜的重量

將衣物收納在抽屜後，請將五斗櫃或衣物收納箱放回原本的位置。此時，下層抽屜必須放下半身單品或厚針織上衣等比較重的衣物，上層則放薄上衣或配件等較輕的物品。「Bra女王」當然要放在上層。如此一來，抽屜整體就會散發出輕盈的怦然心動感。

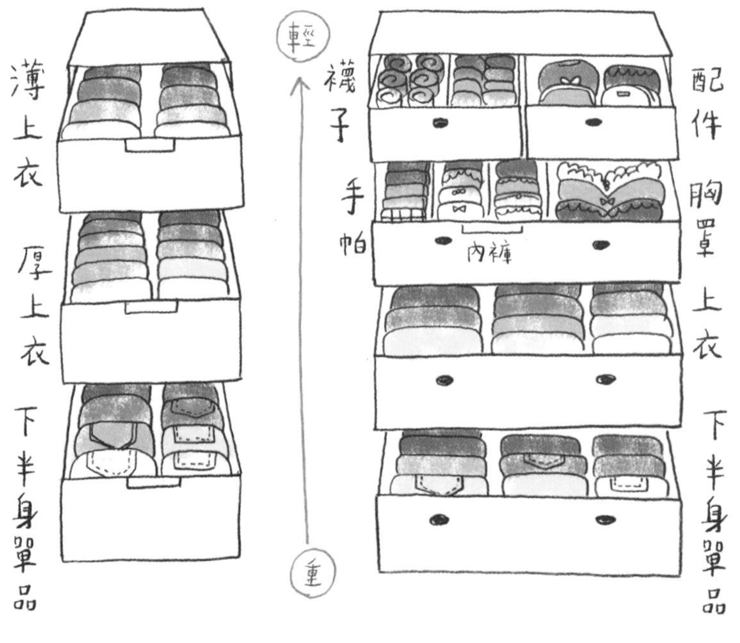

步驟 3

Check

□ 其他東西都收在衣櫥裡

請將衣櫥整理成「每次打開衣櫥門都充滿樂趣」的空間。將套上衣架的衣物吊掛收納，再將折好的衣物收納在下面的抽屜裡，衣櫥就能容納其他配件跟特殊場合用的衣物了。此時，如果你覺得這些東西隨便放也無所謂，請重新檢視一次對它們有沒有心動的感覺。

將不能折的帽子收在上層架子，注意別把帽子壓到凹陷

將比較硬挺的帽子疊起來收在上層架子，注意別把帽子壓到凹陷。毛線帽這類能折的帽子，則折成三分之一或二分之一，收在配件籃子裡。

吊掛的衣物

請小心對待吊掛收納的衣物，不要讓下襬折到。調整抽屜或櫃子的位子，排成使你怦然心動的模樣。

特殊場合專用的衣物要收進有蓋子的收納箱，放在衣櫥深處

這類衣物的使用時機非常明確，不必擔心要用的時候找不到，所以可以收在難以拿取的深處。請將它們一併收進有蓋子的收納箱裡。

包包排列在上層架子

用「包中有包術」直立收納的包包，請排列在上層架子。盒子裡的環保袋移到衣物收納盒上方的空間。

手套之類的配件請縮小體積，收在籃子裡

將手套跟能折疊的帽子盡量縮小體積，直立收納在籃子裡。這兩樣都是梳妝打扮時最後才會拿取的配件，收在一起比較方便出門前拿取。

為每天的隨身攜帶物品創造專屬空間

每天使用的包包，也需要定期休息唷。為化妝包、票卡夾、名片夾等隨身攜帶物品創造一個專屬空間，一回到家就將這些東西從包包取出，讓包包休息。

折好的衣服

折好的衣服不要排得太擠，讓它們在抽屜裡好好休息。不要讓吊掛的衣物蓋住五斗櫃或衣物收納箱。

空的收納箱或抽屜，請保留到全部環境整理完畢為止

在整理慶典當中，空的收納箱或許可以在日後的收納派上用場，也可以拿來暫時存放東西。這些東西意外地好用，請保留到全部環境整理完畢為止。

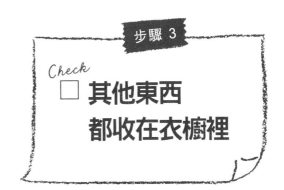

步驟4

Check □ 把鞋子收在鞋櫃裡

衣物收納的最後階段，就是將留下來的鞋子收進鞋櫃裡。看起來沉重的鞋子要放下面，越輕盈越要往上擺，這樣才能取得平衡。如果空間足夠，可以將鞋子排列在鞋櫃上就好；如果空間不足，不妨使用市售的收納產品，或是將比較少穿的鞋子收進衣櫥裡。

如果鞋櫃很高，不妨活用市售的收納產品

基本上我建議的都是不必買收納產品就能收納的方法，但偶爾也可以試試這類產品。假設鞋櫃很高，可以使用墊高架來增加一層空間；如果鞋櫃很深，可以架一根伸縮桿，再將前排的鞋子掛在伸縮桿上。

男性的鞋子放下層，小孩跟女性的鞋子放上層

如果是一家人，必須將每個人的鞋子分開擺放，盡量將大而沉重的男鞋放在下層，將小而輕盈的童鞋與女鞋放在上層，整體平衡感較佳。女用靴子與長靴可以放在最下層。

將輕薄不易變形的鞋子收在鞋盒裡

夾腳拖這類輕薄而不易變形的鞋子，一個鞋盒可以收納兩雙，不僅能節省空間，大小也恰到好處。

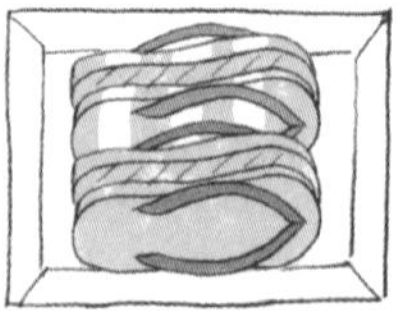

玄關地板的鞋子越少越好

如果玄關亂七八糟，將使得空氣不流通，整個家感覺會很悶。玄關地板只能放當天穿過的鞋子（因為需要通風），家裡有幾個人，最多就只能放幾雙鞋，越少越好。

如果鞋櫃空間不夠，就將鞋子擦乾淨收進衣櫥裡

如果是大家庭，可能會面臨鞋櫃空間不夠的問題，此時不妨將比較少穿的鞋子收進衣櫥裡。記得先把鞋底擦乾淨、將鞋子弄乾喔！

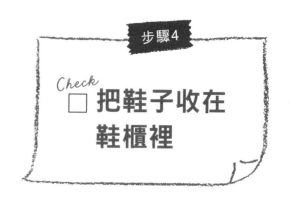

○ 寫下整理完衣物的感想

現在，終於將所有衣物整理完畢了。各位覺得如何呢？你或許會感到訝異：怎麼以前囤了這麼多衣服！也或許感到疲累，不過現在看著滿載怦然心動的整齊衣櫥與抽屜，應該很多人覺得心情變得很平靜，很有成就感吧？

請寫下你的心情，為煥然一新的收納空間拍張照或是畫成插圖，記錄在本書裡吧。日後，這些回憶將成為你整理的動力唷。

【範例】

P48-49

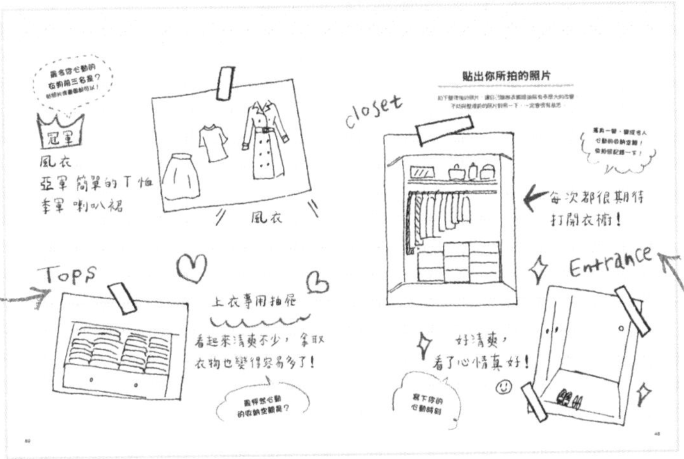

看起來清爽不少，拿取衣物也變得容易多了！

搖身一變，變成令人心動的收納空間！快拍照記錄一下！

P50

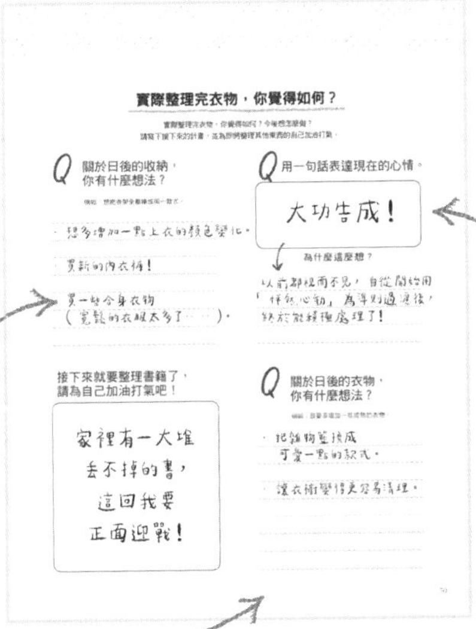

寫下整理時觀察到的重點（例如：衣服跟收納方式有哪些問題），以及今後想添購的物品。

請誠實寫下現在的心情，也想想自己為什麼會這麼想。

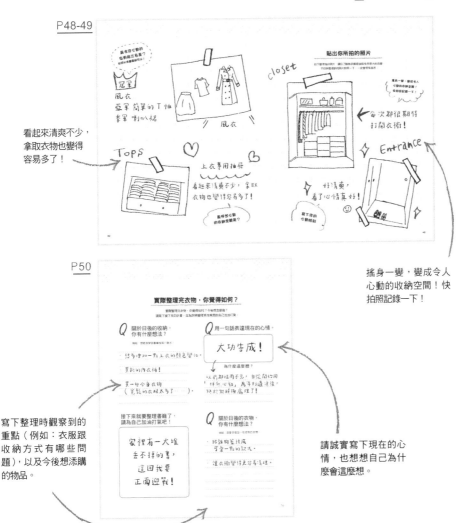

貼出你所拍的照片

拍下整理後的照片，讓自己瞧瞧衣櫥跟抽屜有多麼大的改變。
不妨與整理前的照片對照一下，一定會很有意思。

搖身一變，變成令人
心動的收納空間！
快拍照記錄一下！

寫下你的
心動時刻

最令你心動的
衣物前三名是？
貼照片或畫圖都可以！

最怦然心動
的收納空間是？

實際整理完衣物，你覺得如何？

實際整理完衣物，你覺得如何？今後想怎麼做？
請寫下接下來的計畫，並為即將整理其他東西的自己加油打氣。

Q 關於日後的收納，你有什麼想法？

例如：想把衣架全都換成同一款式。

Q 用一句話表達現在的心情。

為什麼這麼想？

接下來就要整理書籍了，請為自己加油打氣吧！

Q 關於日後的衣物，你有什麼想法？

例如：想要多增加一些成熟的衣物。

來整理「書籍」吧！

人很容易不小心就在家裡囤一堆書，而書籍也是「最捨不得丟的東西」前三名。

「我就是捨不得丟書！」這樣的人，其實比想像中還多。越是捨不得丟書的人，在嚴選好書、處理其他書之後，心裡會格外暢快。而整理書籍，也能為吸收資訊的管道去蕪存菁喔！

寫下開始與結束日期吧！

開始	年 月 日 點
結束	年 月 日 點

照著做，就不會被打回原形！

整理書籍的重點在於，必須將所有的書拿出來，攤在地板上。如果少了這個步驟，就很難判斷心動與否了。留下來的書，就好好收藏在書櫃裡吧。

1 收集

把所有的書從家中找出來集中處理，才能把書叫醒

書櫃上那些沒讀過的書，都是沉睡中的書。看著書櫃很難判斷該不該留，所以一定要把所有書都叫醒。如果數量太多導致地板擺不下，就分門別類進行吧。

按照順序檢視心動的感覺

各位不妨先從容易處理的書開始著手，如果數量太多導致無法一次處理完，就跟衣服一樣，按照類別來挑選令你心動的書。請按照左圖順序，先從數量較多的一般書開始處理，做起來比較有成就感。

小說、散文之類的讀物，漫畫也包含在內。裡面是不是有些不令你心動的書，要麼舊到連你都忘了它的存在，要麼被太陽曬到變色？

一般書

2 留下令你怦然心動的書籍

一本一本拿出來觸摸，檢視心動的感覺！

將排在地板上的書一本一本拿起來，看看有沒有「心動的感覺」。要是翻開來閱讀，會使判斷力失準，因此絕對不能讀。看看封面或書名，想像一下「書櫃滿滿都是令你心動的書」的情景，再一邊撫摸、一邊感受是否心動，就這樣逐一過濾。

3 收納

千萬不能翻開來閱讀

留下來的書，必須以怦然心動的狀態收好

怦然心動的書，必須以怦然心動的狀態收在書櫃裡。不能平放，一定要直立排列。排列時不妨按照高度、顏色來排列，也可以把礙眼的書腰拿掉，盡量讓書背整體看起來井然有序，感覺比較舒暢。

時尚雜誌、資訊雜誌這類的刊物，壽命是很短暫的。剪下令你心動的頁面，然後就放手吧。讀完一期雜誌後，當下就必須檢視自己對這本雜誌心不心動，以後記得養成習慣唷。

雜誌

此類包含寫真集、型錄、粉絲俱樂部的會刊，或是一些充滿美圖的書籍。如果你對某些照片或報導感到心動，就剪下來貼在剪貼簿吧！

觀賞用書

旅遊指南或證照參考書都歸在這類。有些書你可能心想：「或許我還會去那裡，說不定用得上！」「有時間我就考證照，以後用得上」此時請捫心自問：「真的嗎？」「何時？」

實用書

一件一件觸摸，只留下心動的書籍

就拿我來說吧，在判斷是否心動之前，我會將排列在地板上的書「拍一拍」，好把書籍叫醒（這算是一種小魔法）。接著，再把書籍一本一本拿起來觸摸，判斷起來就會容易許多，各位不妨也試試看。

你覺得「有一天會讀」，但「那一天」永遠不會來

那些讀到一半的書或是買來就一直擱置的書，很可能你已經錯過「閱讀的好時機」了。你覺得「有一天」會讀，但「那一天」永遠不會來。如果你真的很想讀一本書，建議設下閱讀期限。

面對不心動的書籍，請在道謝之後放手

數量大約多少？

例如：三十本書、一紙箱的書。
數量抓個大概就好。

將所有書籍集中在一起，寫下你觀察到的特點

例如：・房間角落堆了一大堆雜誌。
・沒讀完的書居然多達十本！

檢查看看有沒有一次都沒讀過的書！

家人的書或相簿，請先暫時擱置

如果你跟家人共用書櫃，千萬不要把家人的書、相簿、畢業紀念冊或日記，也拿來一併處理。先整理「自己的書」，相簿屬於紀念品，我們留到97頁之後再來討論。至於家人的書，就讓他們各自處理吧。

如何判斷一本書是否令你心動？

或許各位會感到疑惑，真的只要觸摸書本，就能感受到「心動的感覺」嗎？
請參考以下的例子，只要掌握訣竅，就能很快進入狀況。

到底什麼是怦然心動？如果真的不知道，請翻閱十秒看看

有些人即使把書拿起來觸摸，還是覺得「沒感覺」，不知道什麼是怦然心動。沒關係，此時可以瀏覽目錄，或是翻閱十秒看看（界線可以自行設定），一定會有幫助。不過，絕對不能埋首閱讀喔。

剪下令你心動的一頁，收在資料夾裡

如果你只對書的一部分感到心動，不妨剪下那部分，暫且收在資料夾裡。大家很喜歡做剪報，可是事後回頭翻閱，也常常納悶：「我幹嘛剪這個？」61頁會談到整理文件，到時再好好檢視心動與否，重新整理吧。

如果是系列作品，就把一整個系列疊起來檢視

許多漫畫跟小說都是長達好幾集的系列作品，此時你不需要一本一本拿起來檢視，只要把一整個系列疊起來，然後環抱整疊書，或是拿起最上面那本檢視就好。檢視漫畫時請千萬小心，很容易不小心就埋首讀了起來。

經典好書就大大方方留下來！

「有些書我從小看到大，書都變得破破爛爛了，還是捨不得丟！」這些書就是你的「聖經」，不管其他人怎麼說，想留下來的書，就大大方方留下來吧！

請列出你心目中的經典好書，以便檢視自己對它們心不心動。

列出你的經典好書

想留下來的書，必須以怦然心動的狀態收好

選出怦然心動的書之後，必須以怦然心動的狀態收好。基本上各位可以自由收納，但建議不要平放疊高，最好直立排列。排列時不妨按照高度、顏色來排列，盡量井然有序，看了心情會很好唷。

堆在下面的書不好拿取，久了就不想讀了，因此不要平放疊高，最好直立排列，而且不要四散各處。不過，有些書放在某些地方比較好做事，比如將食譜放在廚房，方便在做菜時翻閱。像這類的書，收納在別的地方也沒問題。

• 將書排在書櫃上看看，如果還是有點雜亂，就把書腰拿掉

明明整齊地排列在書櫃上了，看起來還是有點雜亂，此時就把顏色跟文字很顯目的書腰拿掉吧！一個小動作就能讓整體看起來清爽許多，效果絕佳！當然，如果書腰令你心動，就留下來吧。

「書的數量還是很多，怎麼辦？」不用擔心！

整理完畢後，書看起來還是很多？沒關係，你的怦然心動敏銳度會磨練得越來越好，如果事後覺得「好像不對勁」，到時再丟掉吧。

• 將留下來的書分門別類

不要隨意排列，必須分成小說、實用書、雜誌等類別，按照分類排好。調性相似的書放在一起比較易於辨識，想找書時，馬上就能找到。

• 按照高度、顏色來排列書本

分類完畢後，各位不妨按照高度排列（最矮的在左邊，最高的在右邊），或是按照顏色深淺排列。這一點小巧思，可以增加你的怦然心動度唷。

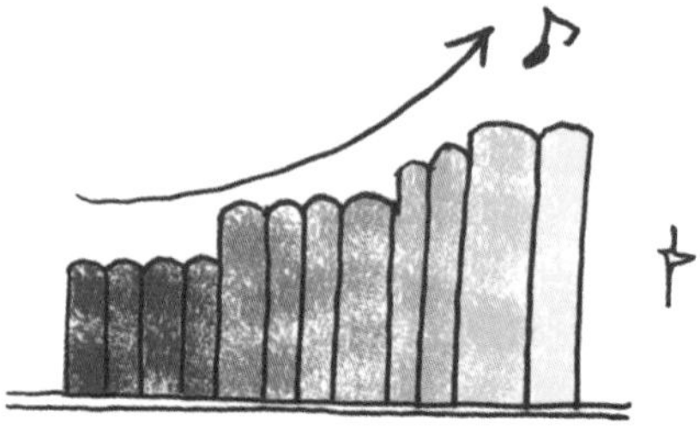

○寫下整理完書籍的感想

我也是很難割捨書籍的人，所以非常了解丟書有多麼困難。但是，請各位狠下心來，只留下令你心動的書。你應該已經感覺到腦袋變清晰，心裡也變暢快了吧？整理書籍能將資訊去蕪存菁，手邊不要囤積太多書，你對資訊的敏銳度才會上升。

趁著記憶猶新，請寫下現在的心情，以便日後在最佳時機與最棒的書相遇。寫下「現在想讀的書」也可以唷。

【範例】

P.58-59

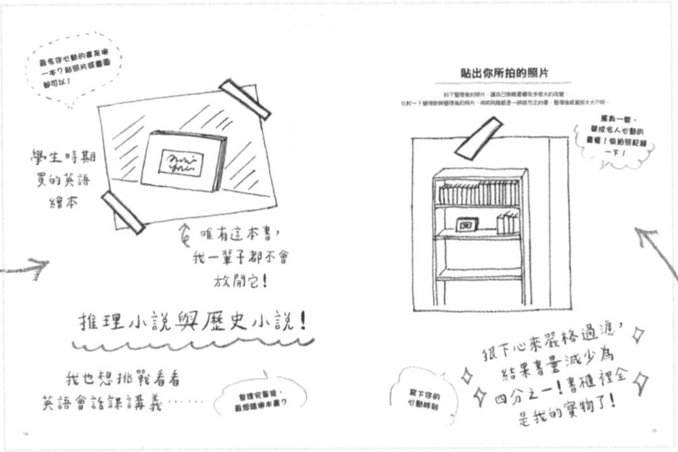

將你心目中的經典好書拍下來貼上，或是畫下來。大大寫下書名也可以唷！

拍下整理後的照片，讓自己瞧瞧書櫃有多麼大的改變。比較一下整理前與整理後的照片，明明同樣都是一排排方正的書，整理後感覺卻大大不同。

P.60

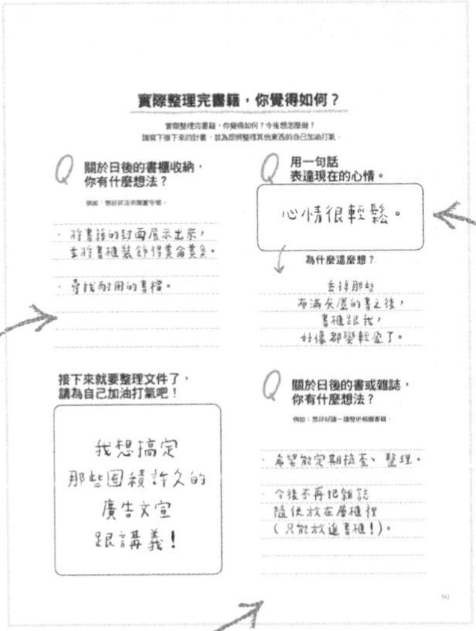

用一句話表達整理完畢的心情（例如：「好清爽！」「心情真好！」），並寫下理由。

整理完畢後，想想看今後該如何對待書籍。別忘了也要給自己加油打氣，因為你接著就要「整理文件」了。

貼出你所拍的照片

拍下整理後的照片，讓自己瞧瞧書櫃有多麼大的改變。
比較一下整理前與整理後的照片，明明同樣都是一排排方正的書，整理後感覺卻大大不同。

搖身一變，
變成令人心動的
書櫃！快拍照記錄
一下！

寫下你的
心動時刻

最令你心動的書是哪一本？貼照片或畫圖都可以！

整理完畢後，
最想讀哪本書？

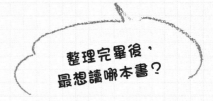

實際整理完書籍，你覺得如何？

實際整理完書籍，你覺得如何？今後想怎麼做？
請寫下接下來的計畫，並為即將整理其他東西的自己加油打氣。

Q 關於日後的書櫃收納，你有什麼想法？

例如：想好好活用閒置空間。

Q 用一句話表達現在的心情。

為什麼這麼想？

接下來就要整理文件了，請為自己加油打氣吧！

Q 關於日後的書或雜誌，你有什麼想法？

例如：想好好讀一讀歷史相關書籍。

Chapter 4

來整理「文件」吧！

衣物跟書籍整理完畢後，接下來就是文件了。
文件的處理方式，基本上就是「全部丟掉」。
整理文件容易猶豫不決，因此必須堅定意志，狠下心嚴選。
當然，合約的必要性跟怦然心動一點關係都沒有，所以該留什麼就留什麼吧。

寫下開始與結束日期吧！

開始	年 月 日 點
結束	年 月 日 點

照著做，就不會被打回原形！

舉凡合約、郵件、外送菜單、傳單這類「不屬於文具範疇的紙張」，都算是文件。請冷靜地一張一張拿起來檢視，看看該丟或是該留。

1 收集

所有與自己有關的文件，全都要翻出來，集中在一個地方

桌上、廚房流理檯的角落……家裡有些角落就是特別容易堆積文件。請務必地毯式搜查，把家中所有地方的文件找出來，集中在一個地方。

● 將所有文件**集中**在一起，寫下你觀察到的特點

例如：・有一大堆很久以前的外送菜單。

・習慣把不知道該放哪裡的文件貼在冰箱上。

2 留下必要的文件

想想每份文件的用途，只留下必要的文件

要留下哪些文件呢？如果是「現在使用中的」「暫時需要的」「必須一直保留的」，全都可以留下，其餘都要丟掉。信件跟照片算是「紀念品」（參考97頁），我們最後再來處理，現在先擱置吧。

如果找到信件，就歸類為「紀念品」

整理文件時，請使用碎紙機

文件上有許多個人資訊，比如姓名、住址、生日、銀行帳號或各種會員編號，請記得使用碎紙機將紙張切碎，以免遭到歹徒竊取。

麻煩的文件，該如何判斷丟或不丟？

文件種類繁多，有些實在很難判斷該不該丟。
以下，我將介紹自己在課堂上常提到的「文件處理教戰守則」。

用完的存摺

除非你要報稅，否則請單純看著存摺，感受一下心不心動即可。如果覺得以後用得到，請為自己制定規則（例：只保留○年）。

研討會的資料

參加完研討會後，你回頭閱讀過研討會的資料嗎？參加研討會的目的，在於將自己在會議中得到的鼓勵或所學運用在職場與日常生活中，當這些資料已功成身退，就該放手。

信用卡消費明細

當你檢查過信用卡消費明細並記帳完畢後，就可以把明細丟掉了。除非要報稅，否則全部丟掉。建議改用電子明細。

剪報

整理書籍時所做的剪報（參考55頁），可以趁這時檢視。想留下來的剪報可以收在一本一本的資料夾裡，或是自己做一本剪貼簿，也很有趣唷！

說明書・保證書

這年頭，很多家電產品都可以在官網查閱說明書，只要把還在保固內的保證書收納在資料夾或收納盒裡即可。

薪資明細

當你檢查完金額與詳細內容的那一刻，就不再需要它了。這部分也一樣，除非需要報稅，否則看完就馬上丟掉。如果想暫且留下來，就必須先想好要保留幾年。

不需要的文件，請在道謝之後放手

數量大約多少？

例如：一大袋。數量抓個大概就好。

賀年卡

在你收到賀年卡的那一刻，它的使命就已經完成了。如果是日本郵局發行的抽獎明信片，只要知道自己的抽獎編號，就可以心懷感恩地丟掉了。假如想當成通訊錄，就先保留一年，感到心動的賀年卡則歸類於「紀念品」（參考97頁）。

3 收納

將文件分成三大類

過濾完畢後，請將留下來的文件分成三大類：「不常用到卻很重要的合約」「使用頻率高的非合約文件」「待辦文件」。記得一併收納在收納盒或資料夾裡，免得散落各方。

不必分類得太細！

合約
＝
保留

非合約文件
＝
保留

待辦文件
＝
盡量早點處理完畢

合約之類的重要文件

保險契約、租賃契約書這類合約書或是家電產品保證書，是屬於需要保留卻不常用到的東西。建議簡單收納即可，例如：一併收在資料夾或收納盒。

合約之外的必須保留文件

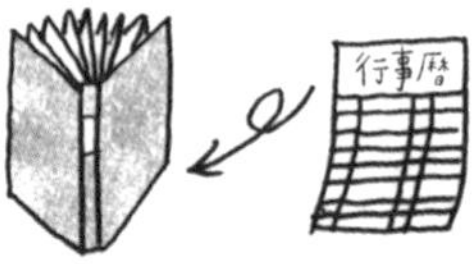

合約以外的必須保存文件，全歸在這類。工作行程表、學校的年度行事曆、食譜剪報這類與嗜好相關的文件也包含在內。建議使用便於翻閱的資料夾，按照類別收納。

待辦文件

匯款單、回覆信件這類只能自己處理的文件，必須設立待辦專區，以免四散。建議收納在便於拿取、歸位的直立型檔案盒。

為待辦文件設定處理日期

基本上，待辦專區最好是空的。回信、變更各種服務內容，這類事情最好找一天快速處理完。在進入下一章「整理雜物」之前，最好先完成這部分，心裡會比較輕鬆喔。

文件期限列表

家電產品保證書或必須保留好幾年的報稅單據，
請在本頁寫下這類文件的保存期限，就不用怕忘記丟了。

Check

☐ 年 月 日為止

☐ 年 月 日為止

☐ 年 月 日為止

☐ 年 月 日為止

☐ 年 月 日為止

☐ 年 月 日為止

☐ 年 月 日為止

☐ 年 月 日為止

☐ 年 月 日為止

☐ 年 月 日為止

☐ 年 月 日為止

☐ 年 月 日為止

☐ 年 月 日為止

只能留下真正
必要的文件喔！

實際整理完文件，你覺得如何？

實際整理完雜亂的文件，你覺得如何？今後想怎麼做？
請寫下接下來的計畫，並為即將整理「雜物」的自己加油打氣。

Q 關於日後的文件收納，
你有什麼想法？

例如：把自己的整理完之後，就來整理家人的。

Q 用一句話表達現在的心情。

為什麼這麼想？

接下來就要整理雜物了，
請為自己加油打氣吧！

Q 關於日後的文件，
你有什麼想法？

例如：定期整理尚未處理的文件！

來整理「雜物」吧！

說要整理雜物，但雜物可是包含文具、化妝品、廚房用品、醫療用品、清潔用品……可謂包山包海，想想都快昏倒了。

不過，不用怕！

整理到這個階段，你的怦然心動敏銳度與整理能力應該已提升不少，請相信自己的能力，照著本書的建議一步一步走，就能轉眼間整理完畢。

開始	年　月　日　點
結束	年　月　日　點

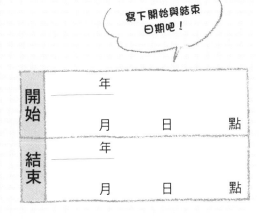

照著做，就不會被打回原形！

雜物的數量繁多，請按照類別檢視心動的感覺，從一堆「莫名其妙留著」的雜物之中，選出「想跟它一起生活」的物品吧！

1 收集

按照類別選出專屬於自己的東西

想制伏數量繁多的雜物，簡單說來，就是必須分類處理。請按照基本步驟，依照下列順序將每個類別找出來集中處理，然後再選出心動的物品，最後收納。即使是跟家人共用的東西，只要是由你負責管理，就必須一併處理！

2 留下令你怦然心動的東西

猶豫的時候，就是怦然心動敏銳度上升的時候

在檢視雜物時，有些東西你會覺得「對它不心動，可是又需要留著」，此時請參考左頁，來想想到底該留下哪些東西。這段過程，將使你的怦然心動敏銳度更上一層樓。

按照順序檢視心動的感覺

雜物乍看之下實在多到處理不完，可是畢竟是屬於個人物品，分類也很清楚，所以檢視是否心動並不難。如果你一個人住，既然所有東西都是自己的，就不必在意順序，先從簡單的分類開始即可。

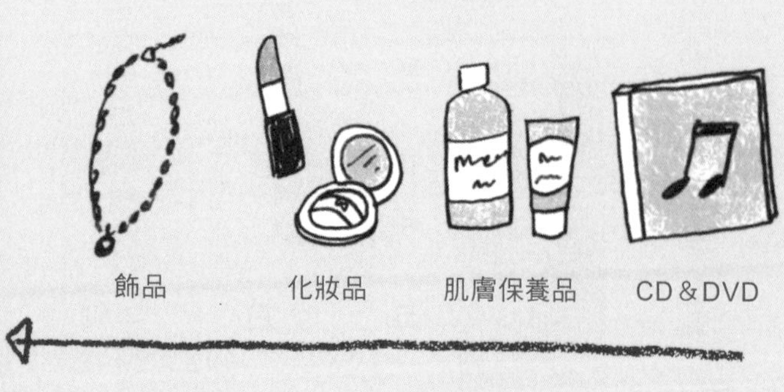

為所有的雜物
設置專區

3 收納

讓每個分類都便於拿取、歸位

既然決定把房間整理得乾乾淨淨，就必須將同一類的東西集中在一起，為它們設置專區。與其買收納盒，不如先用空盒子來當抽屜或櫃子的隔板，讓東西盡量直立收納，也方便歸位。

你應該留下這些東西

心動而有用的東西

毋庸置疑地怦然心動，對生活又有幫助，那當然要留下來，讓它們豐富你的生活！每次使用所帶來的心動，將使你變得越來越幸福。

雖然心動，對日常生活卻沒什麼幫助

既然心動了，就大大方方留下來吧。雖然派不上用場，也可以放在觸目可及之處，或是掛起來、貼在牆上、當成裝飾品，看了也開心。

不心動，可是需要

盡量想想它提供的便利性與存在的意義，例如「款式樸素，看了很放鬆」「緊要關頭派得上用場」等等，這也算得上是一種心動。留下來也OK！

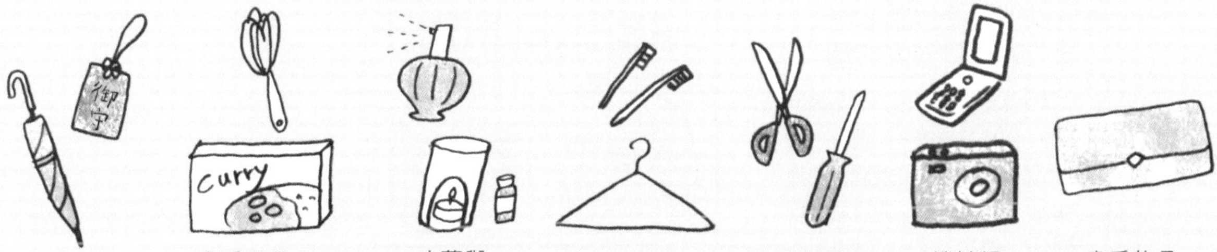

其他　廚房用品＆食品　才藝與興趣相關　生活用品　生活用具　機械類　貴重物品

○ 為每樣東西設置專區

請為家中的諸多雜物設置專區，使用完畢後，就放回固定的位置。在思考收納之前，你應該先想好這點才對。此時，不妨參考自己在21頁所畫的收納空間圖。

如果沒有事先想好專區，將東西隨意放置，只會越積越多，很快就打回原形。沒有設好專區，你的理想生活就會產生阻礙。

等所有雜物整理完畢，再來決定物品的最終位置。在那之前，心中有個大概的雛型就好，不要有太多壓力。

如何為每樣東西設置專區？

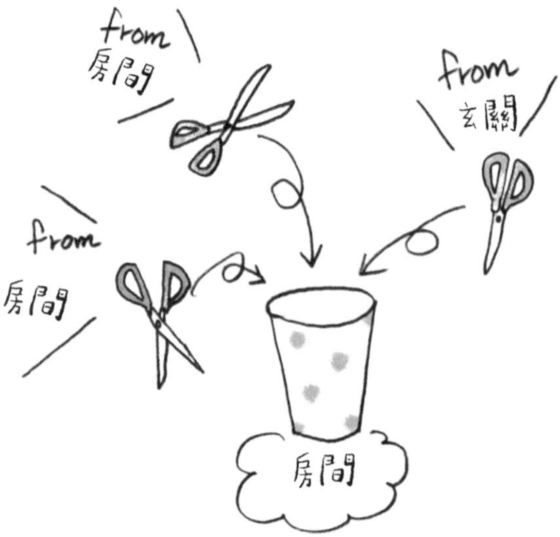

收納地點不能四散

怦然心動整理法的規則只有一個，那就是「同類相聚」，集中收納在一個地方。如果跟家人同住，就為每人劃定專區，分類收納在各人的收納空間。不過，假如某些東西只會用在特定場所，便毋須特別劃分專區。

可以按照使用頻率區分，但不要分太多種

如果依使用頻率分出好幾種收納方式，只會整理得一頭霧水，導致半途而廢。想按照使用頻率區分的話，分成「高」與「低」兩種就好，然後再將比較常使用的東西放在前排。

整理物品時，先設定一個暫放區就好

在過濾完所有的東西之前，還無法完全掌握總量與分類，因此不要一次就想好所有東西的專區位置。如果不希望整理中的物品壓縮到生活空間，就設定一個暫放區（例如：櫃子）存放吧。

想想看，收納地點會不會讓東西覺得委屈

太擁擠或濕氣太重，這類讓物品感到委屈的收納地點，很容易將環境打回原形。決定收納地點時，便利性固然重要，但也要想想「收在這地方，東西會不會覺得委屈」。

活用家中原有的收納空間

收納時，請參考你在21頁畫的圖，先把東西放在原有的收納空間裡（例如：抽屜或衣櫥）。如果將放在外面的層櫃、晾衣架也當作收納空間，房間就會變得很寬敞唷。

設定雜物的收納地點時，試試聯想遊戲

你在想電源線要放在哪裡，於是想到旁邊有「電腦」，電腦是每天都會使用的東西，所以旁邊要放常用的文具……用同類物品來逐一聯想，對設置收納地點很有幫助唷。

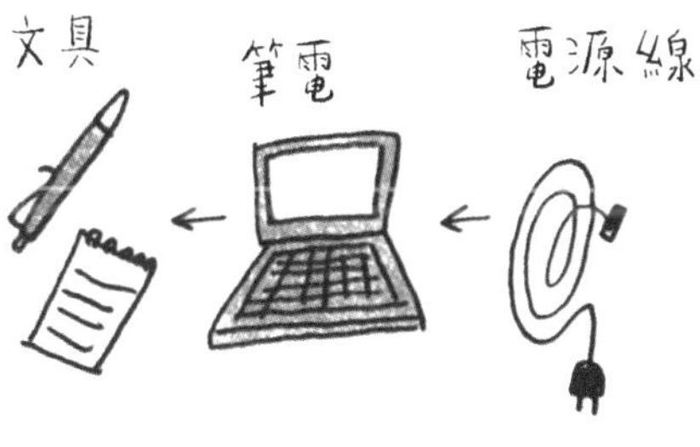

不要堆疊，盡量直立收納

盡量不要堆疊物品。採用直立收納比較便於管理，也容易掌握物品的數量。如果你開始堆東西，就會越堆越高，而且下層的東西還會被壓垮，久而久之甚至忘記它的存在，不可不慎！

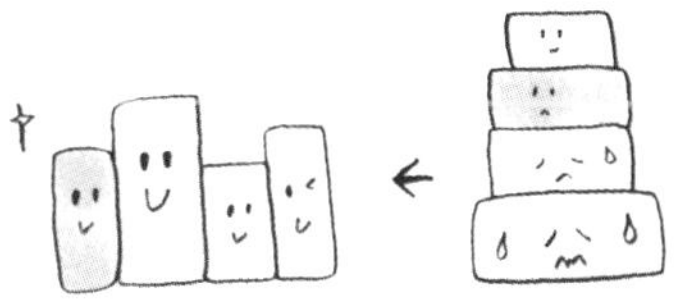

Check
□ CD & DVD

CD與DVD跟書籍、文件一樣，屬於「資訊類」。由於處理流程相同，因此此類必須在雜物中優先處理。如果是別人送的CD，就算不心動也很難丟棄，但還是得當場緬懷、感恩一番後，狠下心丟棄。千萬不要當場播放起來喔。

面對不心動的物品，請在道謝之後放手

數量大約多少？

例如：CD五十片，DVD二十片。

留下來的光碟不可以堆疊，讓它們維持在令你心動的狀態

橫放卻不堆疊、按照顏色深淺排列、直立收納在櫃子或抽屜裡……請遵照以上原則收納，如果數量稀少，放在籃子裡也可以。如果有特別喜歡的光碟，不妨亮出封面，拿來當裝飾品吧。

將所有物品集中在一起，寫下你觀察到的特點

例如：・有好幾片當初很喜歡，後來就退燒的偶像CD！
・忘記還租來的DVD了……

一件一件觸摸，只留下心動的物品

跟書本相同，請一片一片拿起來觸摸。就算不再聽那張CD了，只要你喜歡它的封面，光是擺在家裡就感到怦然心動，當然應該留下來！

如果想把光碟轉成數位檔，請放進文件的「待辦專區」

如果你想先將光碟轉成數位檔再丟棄，請將這類光碟與其他東西分開，放入文件的「待辦專區」（參考64頁），盡早處理。

Check □ 肌膚保養品

肌膚保養品含有很多水分，所以應該趁著新鮮趕快用完。老舊的肌膚保養品，看是要瀟灑地丟掉，或是將臉部保養品豪邁地用來擦身體，都很不錯。至於收納地點，通常都是收在人們最常保養肌膚的地點盥洗室，若是空間不夠，也可以在衣櫥或櫃子裡設一個肌膚保養品專區。

面對不心動的物品，請在道謝之後放手

數量大約多少？

例如：試用品二十包，瓶裝保養品三瓶。

將所有的肌膚保養品都收納在同一區

含有許多水分的肌膚保養品跟粉狀化妝品的性質不同，應該分開收納。管狀軟膏類的小東西請直立收納在小盒子裡，看起來會清爽許多。如果數量很多，也可以分成「日常使用」與「特殊保養用」兩區。

將所有物品集中在一起，寫下你觀察到的特點

例如：・試用包一大堆。

・昂貴的美容保養液居然變色了，青天霹靂！

一件一件觸摸，只留下心動的物品

將所有的肌膚保養品集中在一起，看看自己是否心動。就算還沒用完，只要不心動，就必須丟掉。

肌膚保養品
新鮮度就是一切

肌膚保養品越新，用起來的怦然心動度越高。試用品很容易不小心就囤一堆，囤久了就容易劣化，請趁現在決定：要盡快使用呢？還是丟掉？

Check □化妝品

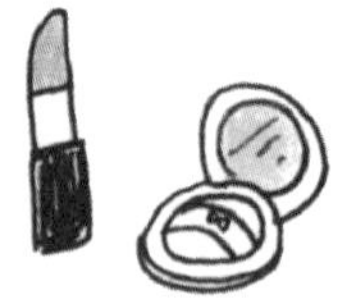

說起化妝，可是女人將當天的自己變得更有女人味的「儀式」。這樣的用具，應該以「心動與否」來當作過濾第一準則！如果能將化妝品收納得井井有條，化妝時的怦然心動也會大幅上升。容器髒了會影響到化妝的心情，因此平時請注意化妝容器的清潔。

面對不心動的物品，請在道謝之後放手

數量大約多少？

例如：三個粉餅，兩支口紅。

留下來的化妝品，必須看起來美美的

粉餅刷、睫毛膏這類能直立的東西，應採用直立收納，讓你怦然心動的盒子與玻璃杯都很好用。不能直立的東西，則為它們單獨設立專屬空間，就能美觀大方地收好了。

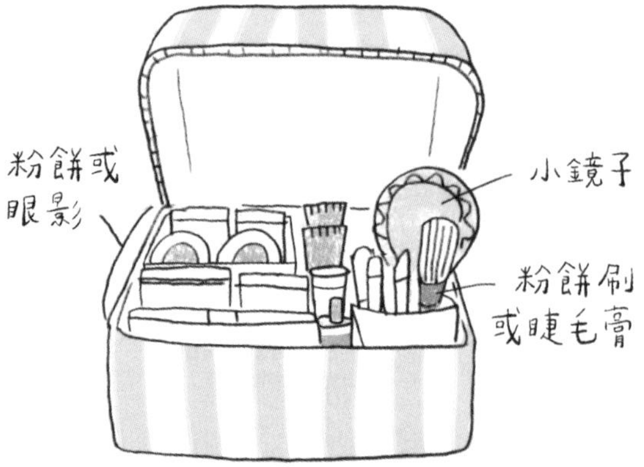
分成「能直立的」與「不能直立的」兩類

將所有物品集中在一起，寫下你所觀察到的特點

例如：・有好幾個眼影只用了一半。

・有些指甲油都硬到不能用了。

一件一件觸摸，只留下心動的物品

化妝品可以提升女性的「怦然心動力」，如此重要的物品，務必嚴格把關、慎選！老舊或現在已不合胃口的化妝品，就全丟了吧。

家裡有沒有一年以上都沒用過的試用包呢？

化妝品試用包在旅行時很方便，你家裡是不是也囤了一些呢？不過，事實上，一般人卻是囤的多、用的少。試用包容量少又容易劣化，如果無法盡快用完，就應該丟掉。

令你熠熠生輝的飾品，簡直就是雜物界的女王。判斷是否心動時應畢恭畢敬，放手時也應該心懷敬意與感激。收納時，最好像商店展示櫃一樣排得美美的，收納期間也要維持飾品的美麗。手錶也算是飾品之一，請一併處理。

Check □ 飾品

留下來的飾品，必須看起來美美的

有三種方式，分別是：梳妝檯的「抽屜式收納」、化妝品收納盒與手提化妝包的「箱形收納」、掛在牆壁上展示、收納的「開放式收納」，請選擇一種，將它們漂亮地收藏起來吧。

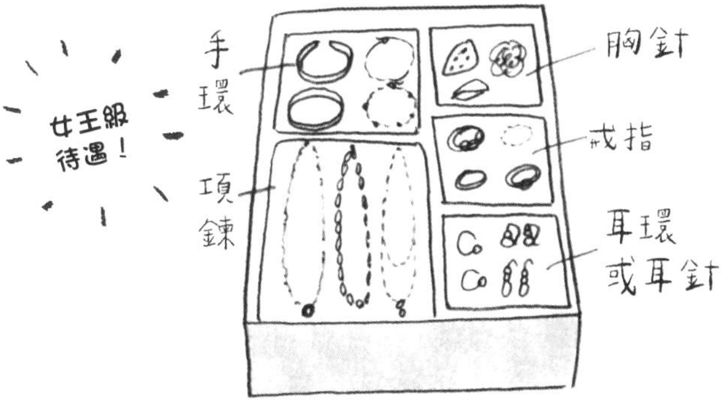

將髮飾按照類別分開收納，乾淨清爽

整理飾品時，也應該將髮飾一併處理。挑選完怦然心動的髮飾後，請將髮圈、長髮夾、鯊魚夾、髮簪之類的東西，按類別分開收納。

將所有物品集中在一起，寫下你觀察到的特點

例如：・找到生鏽的項鍊。
・一大堆只剩單邊的耳環……

一件一件觸摸，只留下心動的物品

判斷心動與否時，如果你對某些飾品感到厭倦，卻又覺得它好吸引人、好令人心動，那麼留下來也無妨。

充滿回憶的飾品，請歸在「紀念品」區

前男友送的戒指啦、或是朋友親手製作的飾品……這類充滿回憶的飾品，在這階段很難判斷，因此請留到整理「紀念品」（參考97頁）時再處理。

面對不心動的物品，請在道謝之後放手

數量大約多少？

例如：五個胸針，八對耳環。

Check

□貴重物品

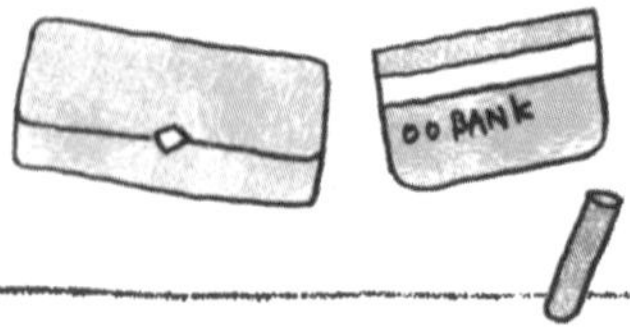

舉凡現金、正在使用的存簿、印章、禮券、外國貨幣等「跟金錢有關的東西」，或是信用卡、點數卡、掛號證等「卡片類」與護照、年金簿等「政府機關發給的證書」，都算是貴重物品，請務必好好收納，切勿怠慢。

留下來的貴重物品，必須好好收納

貴重物品必須好好收納，比如收在附設鑰匙的保險箱、五斗櫃抽屜或木盒，都很適合。數量少的話，收在化妝包也OK。建議將卡片類放在小盒子裡直立收納。假如擔心遭竊，不妨將存摺與印章分開存放。

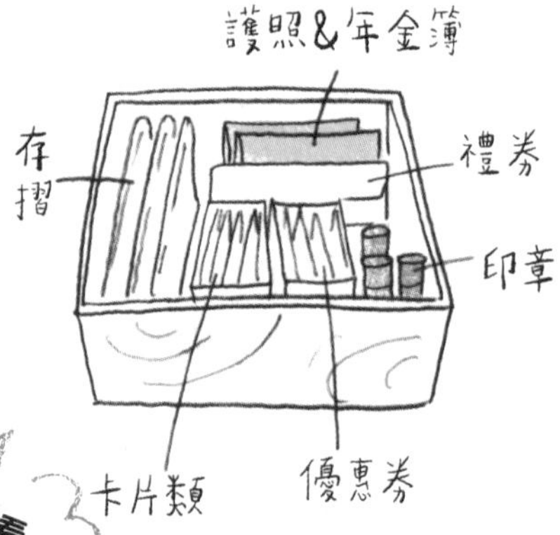

從上方看
一目瞭然！

錢包是媲美「Bra女王」的兩大VIP之一

在貴重物品與金錢類之中，錢包可是地位非凡，與「Bra女王」並稱為兩大VIP！就拿我來說吧，我的錢包不會放發票，而且會用布包裹錢包；我每天都會對錢包說「辛苦了」，並將它放回專屬的盒子裡。

將所有物品集中在一起，寫下你所觀察到的特點

例如：・有好幾張沒在用的點數卡。

・有些禮券我根本忘了它們的存在。

一件一件觸摸，只留下心動的物品

過濾貴重物品時，實用度的重要性大於心動度。請逐一拿起來檢視，看看有沒有必要保留。

檢查看看是否過期

檢查商店的點數卡使用期限，如果過期就丟掉。如果想將票券賣給金券店（注：日本專門收購、販賣二手票券的商店），請放在64頁設立的「待辦專區」，以免忘記。

面對不心動的物品，請在道謝之後放手

數量大約多少？

例如：有十張過期的優惠券。

Check □ 機械類

舉凡電腦、數位相機、電子辭典、手機、記憶卡、美顏機、電池等「電器相關產品」，都屬於機械類。不過，假設你喜歡攝影，因此有許多攝影器材，那麼應該將攝影器材歸類於「攝影類」，留到「才藝與興趣相關」（參考83頁）那一節再來整理。

面對不心動的物品，請在道謝之後放手

數量大約多少？

例如：兩支手機、還有攜帶型電玩遊樂器、美顏機。

留下來的物品，全部收納在一起就好

儘管大小與形狀各不相同，但同樣是「電器相關產品」，因此只要一併收納在抽屜裡就好。能直立的東西就直立收納，與電線、充電器同組的小型機器則收納在化妝包裡，看起來比較清爽。電暖桌與電子辭典，不妨與「生活用具」中的文具類（78頁）收在一起。

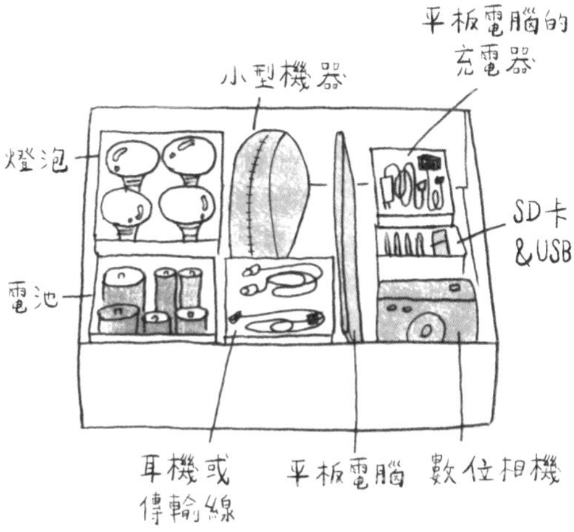

將所有物品集中在一起，寫下你所觀察到的特點

例如：・找到壞掉的電腦。

・電池一大堆。

一件一件觸摸，只留下心動的物品

囤積已久的故障電器（如手機或電腦），請趁此機會丟掉。如果想轉移記憶卡上的照片檔，請放到64頁的「待辦專區」。

用途不明的電線或電線包裝盒，應馬上丟掉

相機充電器（可是相機壞了）、手機電源線（可是手機丟了）、裝成一大袋的電線，這類用途不明的東西應馬上丟棄。至於產品包裝盒，除非能用來當作收納隔板，否則也要丟掉。

Check □生活用具

舉凡文具、工具或縫紉用具，都歸在這一類。文具種類繁多，檢視心動與否之後，請將它們分成「器具類」「紙類」與「信件類」，以便日後用完歸位。至於工具與縫紉用具，如果使用頻率不高，只須留下一小部分即可。

文具類

將所有物品集中在一起，寫下你觀察到的特點

例如：・有好幾本寫到一半的筆記本。

・紅色原子筆居然多達十枝！

面對不心動的物品，請在道謝之後放手

數量大約多少？

例如：二十枝筆、五本筆記本。

留下來的物品，請分為三大類

留下來的文具，請分為三大類。筆、剪刀、釘書機是「器具類」，筆記本、記事本、便條紙等紙製品是「紙類」（歸納紙張的資料夾也算在內），以及寫信需要的「信件類」。

一件一件觸摸，只留下心動的物品

一件一件拿起來試用，比如筆很容易囤積一堆，請檢查看看還能不能寫，或是檢查膠水是否已凝固。

你是不是捨不得使用怦然心動的文具？

明明有些記事本或筆記本很令你心動，可是你卻捨不得用，反而放著生灰塵？越是心動的文具，越要經常拿出來用！不心動的文具，可以捐贈出去。

工具・縫紉用具

將所有物品集中在一起，寫下你觀察到的特點

例如：・小學時期的縫紉用具一直擱置到現在。

・好久沒用的鐵鎚，居然生鏽了。

一件一件觸摸，只留下心動的物品

用途不明的大型工具，或是頂針、劃線筆等縫紉用具，裡面有沒有一些你明明不用，卻一直囤積的東西呢？如果未來不打算使用，就丟掉吧。

面對不心動的物品，請在道謝之後放手

數量大約多少？

例如：裝了兩小袋。

留下來的物品，請維持在令你心動的狀態

堅固的工具類，請全部收納在工具箱或盒子裡，然後找個地方放。如果能去蕪存菁到極點，甚至有可能一個化妝包就搞定。縫紉用具則放進縫紉盒或化妝包，好好整頓一下。

非做不可的居家修繕，請趁現在做完

不如趁此機會，將一些非做不可卻擱置許久的居家修繕（例如：將鬆掉的螺絲轉緊、把掉落的鈕扣縫好），一口氣完成吧！做完心裡會很暢快唷！

依三種分類，有意識地去整理

文具種類繁多，材質與大小也各不相同，在所有雜物中是「最需要隔板」的。請將抽屜或箱子隔出幾個小空間，將文具收納進去吧。利用檔案盒也可以唷！

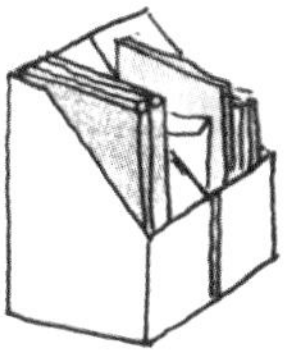

將筆記本、便條紙等「比較高的紙類」與信紙收進檔案盒，而同樣屬於紙類的「文件類」（參考61頁）也可以放在旁邊。

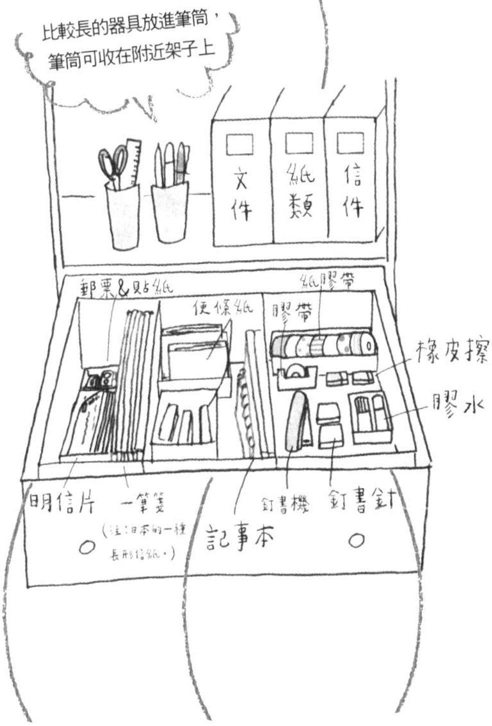

信件類

明信片、信紙、信封組請分類收納，按照高度排列。貼紙與印章之類的雜物也收納在這裡。

紙類

筆記本與記事本放在側邊，不要堆疊，必須直立收納。便條紙之類的小東西也必須直立收納在盒子裡。重點：必須從上方一目瞭然。

器具類

將紙膠帶、口紅膠裝進小盒子裡，不要滾來滾去。釘書機跟釘書針必須放在一起，而筆如果數量不多，橫放也可以。

Check □生活用品

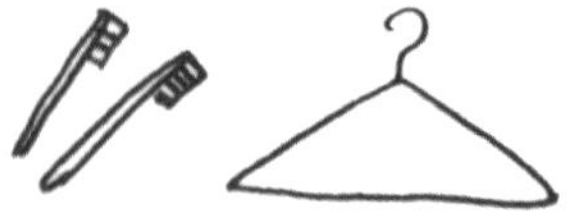

日常生活中不可或缺的清潔用品、毛巾、醫療用品、衛生紙或洗髮精（以及它們的備用品）等等，都是這一節要處理的物品。裡面有許多實用的東西，所以你必須想想今後是否「真的需要它」。此外，將收納地點設在常用的盥洗室與廁所的收納空間，有助於精準掌握該留的數量與收納方式。

一件一件觸摸，只留下心動的物品

如果對物品的香味、包裝或設計感到心動，當然可以留下來，至於清潔用品或醫療用品等比較實用的東西，檢視時也必須考量到實用性。

請想像一下日後使用這項物品，會不會感到心動

免費拿到的洗衣粉等物品，你可能會覺得「東西還能用，捨不得丟」，那麼，不妨想像一下日後使用這東西的情景，看看有沒有心動的感覺。拿去跳蚤市場販賣或是捐贈，也是不錯的捨棄方式。

面對不心動的物品，請在道謝之後放手

數量大約多少？

例如：一大袋，或是一盒洗衣粉。

數量抓個大概就好。

將所有物品集中在一起，寫下你觀察到的特點

例如：・洗衣網變得老舊不堪。

・家裡有一堆從醫院帶回來的藥膏。

・面紙一大堆。

家裡是不是太多備用牙刷了？

留下來的物品，請分類收納

先想一下該如何將物品收納在盥洗室與廁所的收納空間，然後分類收納。如果備用品沒地方放，請在儲藏室設置一個備用品專區。基本上，有空盒子就利用空盒子，能直立收納的東西就直立收納。

醫療用品

隱形眼鏡相關用品、藥膏、護手霜，全都歸在此類。將拋棄型隱形眼鏡與藥膏從盒子或藥袋取出，直立收納在小盒子裡，看起來比較清爽。

清潔用品

將每種清潔用品分類收納，比如衣架類、清潔劑類……利用籃子、盒子、檔案盒或環保袋，即可收納得井然有序。

備用品

備用的衛生紙或洗髮精等用品，基本上必須跟目前使用中的相關用品收在一起。不過，若是收納空間不夠，可以設一個備用品專區，將所有備用品收在一起。將它們收納在抽屜、盒子或是儲藏室、壁櫥的角落吧。

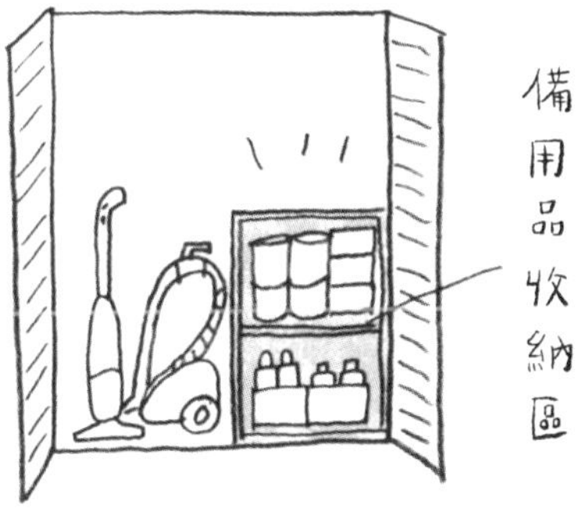

毛巾

按照尺寸區分毛巾，折成方形直立收納。毛巾是每天都會消耗的東西，因此堆疊收納也OK。無論是收在籃子裡放在盥洗室，或是收進衣櫥裡的抽屜都可以。

來收納生活用品吧！

在81頁完成分類的生活用品，全都是適合收納在盥洗室的東西。如果你一個人住，大可自由收納，但假設與家人同住，則必須先想好吹風機這類與家人共用的東西該放在哪裡，然後再為每個人分配剩下的收納空間。衛生紙、衛生棉這類衛生用品，請全部收在廁所裡。

隱形眼鏡相關用品與藥品

隱形眼鏡與藥膏等瑣碎的醫療用品，請全部收在一起。如果與家人同住，使用人數又不多，也可以將這類物品移到個人專區。

為每個人設置個人專區

盥洗室是全家共用的地方，請千萬不要侵犯家人的個人空間。為每個人設立專區，自己的東西自己保管。

浴巾與毛巾

毛巾請收在盥洗室的抽屜，或是洗衣機上方的架子。依照收納位置不同，直立收納或堆疊收納都可以。

先想好共用物品要放在哪裡

吹風機、牙刷等全家共用的物品，應該放在全家人都好記、好拿、好收納的地方。

使用中的清潔劑與洗髮精、沐浴乳

使用中的清潔劑與洗髮精、沐浴乳等物品，請全部收在籃子裡，放在洗臉檯下方，並將備用品放在籃子後面，就能輕鬆掌握數量了。

我不會在浴室放置任何東西

洗髮精或沐浴乳，我習慣在洗完澡後拿用過的毛巾將它們擦拭乾淨，然後物歸原位。空蕩蕩的浴室不僅容易打掃，也不會堆積水垢，好處說不完！

Check

□才藝與興趣相關

才藝與興趣相關用品，泛指才藝課工具、收藏品、精油等療癒系產品，以及整理衣物時留下來的特殊場合服裝（參考40頁），種類繁多，請為各類物品設定不同的怦然心動收納方式。尤其是收藏品，整理起來很花時間，請不要焦急，慢慢整理。

將所有物品集中在一起，寫下你觀察到的特點

例如：・找到以前上課用的書法工具。

・收藏品竟然全堆在箱子裡……

留下來的物品，請維持在令你心動的狀態

才藝與興趣相關用品存在的目的，就是讓你怦然心動，所以收納方式也得把握這個大原則，絕對不能隨便堆在箱子裡！建議收納在方便觀賞的展示櫃，或是井井有條地收在抽屜或資料夾中，好讓你一打開抽屜或資料夾就心動！

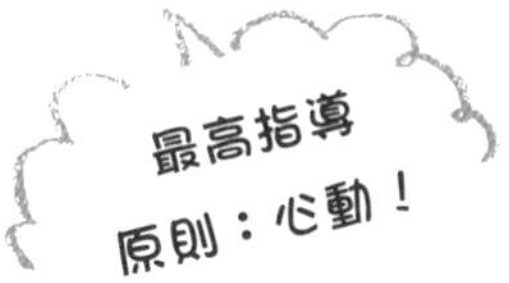

請療癒「療癒系產品」的心

收納精油或布偶等療癒系產品時，請療癒它們的心。使用令人放鬆的天然材質收納籃或盒子，為它們打造一個療癒的空間，將使這類產品的效果加倍！

一件一件觸摸，只留下心動的物品

才藝與興趣相關用品很難割捨吧？千萬別這麼想！現在再看一次，或許有些東西已經不令你心動了，因此請務必檢視。

才藝課用過的東西，就狠下心放手吧

以前上過書法或茶道等才藝課，但現在對這些才藝已經不心動了，那麼就感謝才藝工具帶給你的美好體驗，接著放手吧。如果還是很難割捨，不妨留到97頁之後的「紀念品」章節再處理。

面對不心動的物品，請在道謝之後放手

數量大約多少？

例如：編織用具，二十年前的滑雪用具等。

想要打造怦然心動的廚房，重點在於「容不容易清理」。光是把流理檯四周的東西清空、讓廚房變得亮晶晶，就會讓整體的視野變好，整理起來格外輕鬆。先將廚房用品與食品，按照下面的建議分成三類吧！儘管數量繁多，整理完畢後也會格外感動，加油，期待廚房改造後的模樣吧！

Check

□ 廚房用品＆食品

首先分成三類，寫下你觀察到的特點

種類繁多的廚房用品，建議分成「餐具」（碗盤與刀叉筷子）、「廚具」（鍋子與調理器具）、與「食品」（乾貨、甜點等需要常溫保存的食品）三類，然後再集中處理。收納的時候，千萬不要把這三類打散喔。

食品	廚具	餐具
例如：・一大堆過期的調味料。 ・乾貨庫存過多。	例如：・單手鍋的底部都焦黑了。 ・居然有三支湯杓。	例如：・用來招待客人的刀叉器具，真的好礙事。 ・參加婚宴時拿到的餐具，竟然多達一整箱。

其他東西，就歸類在「其他」區

不包含在這三大類裡面的便當盒、布類雜物、袋子、保鮮膜、鋁箔紙、保鮮盒、菜瓜布等物品，就歸類在「其他」區，參考88到89頁的方式整理。

家裡有沒有囤積已久卻沒用過的東西？

餐具

留下來的物品，請維持在令你心動的狀態

將餐具櫃按照餐具材質分區（如玻璃、陶瓷），此外再分成「飲料杯類」（如玻璃杯）與「食器類」（如碗盤），假如隔板不夠，可利用墊高架來增加收納空間。

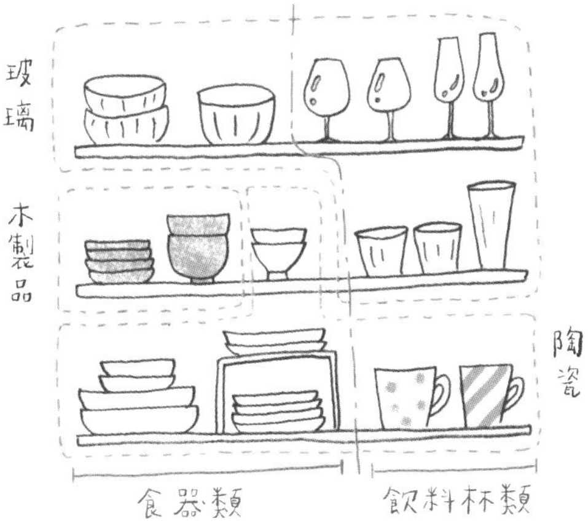

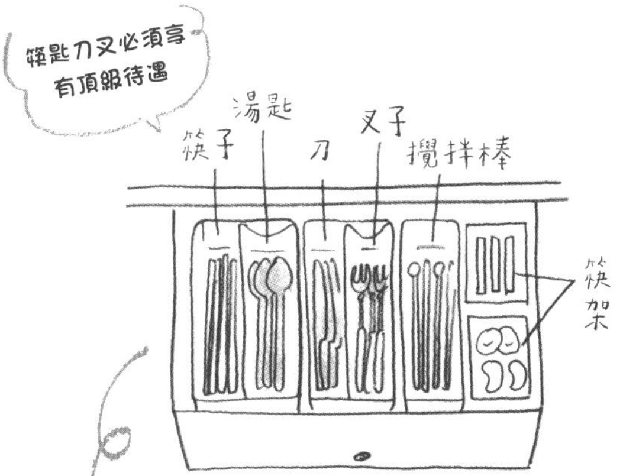

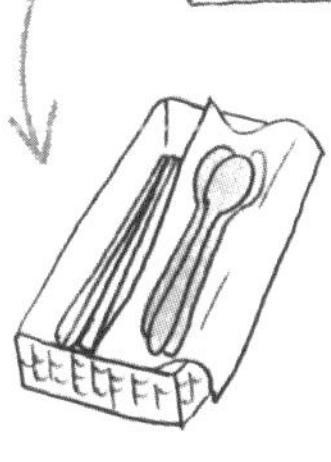

直接接觸口腔的筷匙刀叉必須享有頂級待遇，如此一來，就能提升你每天的怦然心動度！在抽屜裡用餐具盒或布為它們打造專屬空間，讓它們好好休養。

一件一件觸摸，只留下心動的物品

如果你家餐具很多，那可真是項大工程，不過還是得一件一件拿起來觸摸，也可以趁此機會將餐具櫃大掃除一下。如果數量真的太多，不知該如何判斷，請問問自己以下幾個問題。今後用不到的餐具就丟掉，或是拿去義賣會、跳蚤市場販賣。

猶豫不決的時候，請捫心自問：

- □「上次使用它是什麼時候？」
- □「多久用一次？」
- □「有沒有哪些餐具是你很心動，卻沒拿出來用的？」
- □「明明有些餐具缺了一角，你卻視而不見？」

收在箱子裡的餐具，永遠不會有使用的一天

參加婚宴時收到的餐具或紅酒杯，你是不是連箱子都沒打開過？現在不拿出來，你一輩子都不會使用。如果這餐具令你心動，請將它與日常餐具排在一起，多多使用。

面對不心動的物品，請在道謝之後放手

數量大約多少？

例如：大盤子與中盤子各十個，茶具組兩組。

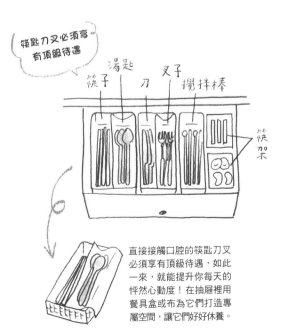

廚具

留下來的物品，請維持在令你心動的狀態

濾杓與鍋鏟等用具請用廚具架直立收納，放在流理檯下，或是一支支整齊收納在抽屜裡，不要堆疊。至於鍋子跟平底鍋，我通常都堆疊放置在流理檯下。

廚房雜物

先想好工具類的收納位置，再來將開罐器、牙籤之類的小東西仔細分類收納。

工具類

如果要收在抽屜裡，請隔開、平放收納，看要按照材質或是其他方式區分都行。

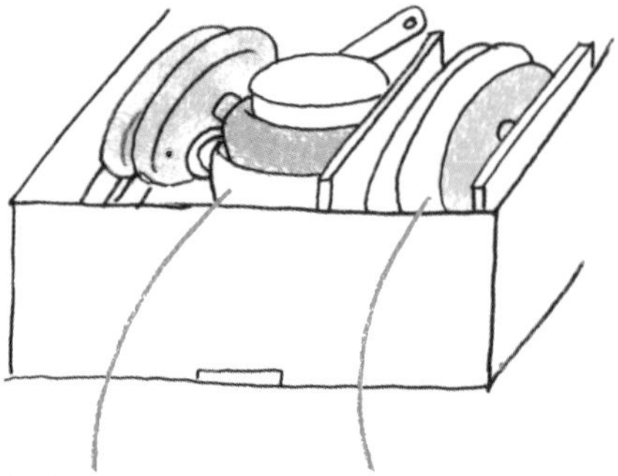

平底鍋與鍋子

盡量將形狀相同的鍋子疊起來，能疊多高就疊多高。如果有平底鍋架，直立收納也OK。

鍋蓋

鍋蓋不容易堆疊，因此建議使用ㄇ字形書檔，將鍋蓋直立收納。

一件一件觸摸，只留下心動的物品

鍋子、平底鍋、調理盆、濾杓，檢視這類烹調用具的心動度時，除了外觀，也要檢視是否好握、好切，只要好用，就是令你心動的廚具。

即使用舊了，只要好用，就是「怦然心動」

例如用到尖端都變圓的木鏟，只要用起來順手好用，就不需要丟掉。值得信賴的廚具，就是怦然心動的廚具。

如果有備用的新品，請立刻拿出來用

如果有新的備用品（像是備用的料理筷），請趁此機會汰舊換新。用新的廚具來做菜會有新鮮感，也能提升心動度唷！

面對不心動的物品，請在道謝之後放手

數量大約多少？

例如：平底鍋一個，濾杓兩支。

食品

留下來的物品，請維持在令你心動的狀態

請按照分類收納，比如調味料、乾貨、罐頭、調理包、碳水化合物、甜點、保健食品……等等，能直立收納的東西就直立收納，這樣比較好掌握數量。如果數量不多，也可以分成「袋裝」「盒裝」，用形狀來大致分類。

將袋裝食品裝進同款式容器裡，提升怦然心動度

乾貨或茶葉之類的袋裝食品，只要裝進同款保鮮罐，就能大大提升怦然心動度！同款罐子排在一起非常顯眼，以後你就不必擔心忘記它們的存在囉。

一件一件觸摸，只留下心動的物品

只要是過期食品，就算還沒開封，也要果斷丟掉。如果還沒過期，但是不知道該不該丟，就想想這東西煮起來會讓你心動嗎？它對自己跟家人的身體真的好嗎？

挑個日子，將快過期的食品全部吃掉

如果家裡有很多快超過保存期限或最佳食用日期的食品，請挑個日子，在那一天全部吃掉。試試看以前沒嘗試過的搭配，說不定能創造新菜色呢。喝不完的日本酒可以倒進浴缸裡泡澡，肌膚會變光滑唷。

面對不心動的物品，請在道謝之後放手

數量大約多少？

例如：十個過期食品。

其他

留下來的物品，請按照分類收納

其他物品也跟前幾章節的收納原則一樣，按照分類收納。先將「餐具」「廚具」「食品」這三大類收納完畢後，再來依序處理。

便當用品

鋁箔杯、水果叉這類便當盒以外的小東西很容易凌亂，所以要在抽屜裡仔細分類收納。或者，也可以統統收在盒子裡，放在櫃子角落。

布類雜物

餐具擦拭布或抹布，請折疊直立收納。隔熱墊與桌巾可以折疊、捲起來或是堆疊，請按照物品類別自行調整。至於圍裙，也是折疊收在附近。

將所有物品集中在一起，寫下你觀察到的特點

例如：・保鮮膜也囤太多了吧。

・有好幾個老舊的保鮮容器。

一件一件觸摸，只留下心動的物品

同樣的東西有好幾個？丟掉。東西幾乎沒在用？丟掉。小型水果叉或是免洗容器，都是很容易不小心越囤越多的東西。如果真的不需要，就整批丟掉吧。

為廚房創造一個「自訂分類」

修剪花朵的剪刀、抄食譜用的筆記用具……這些東西雖然跟烹飪沒有直接關聯，但如果你覺得廚房需要它們，不妨創造一個「自訂分類」，將它們納為廚房用品。

面對不心動的物品，請在道謝之後放手

數量大約多少？

例如：兩個舊菜瓜布，三塊抹布。

保鮮膜、鋁箔紙

如果你對包裝盒的設計不感到心動，那就藏起來吧。建議在流理檯下方直立收納，或是在流理檯櫥櫃門後面裝設置物架。如果你對置物架感到怦然心動，架在外面也可以。

袋子

將塑膠袋壓平折成長方形，接著放進小盒子裡直立收納，就能防止囤積過多塑膠袋。紙袋也要裝在小一點的袋子裡，免得過度囤積。

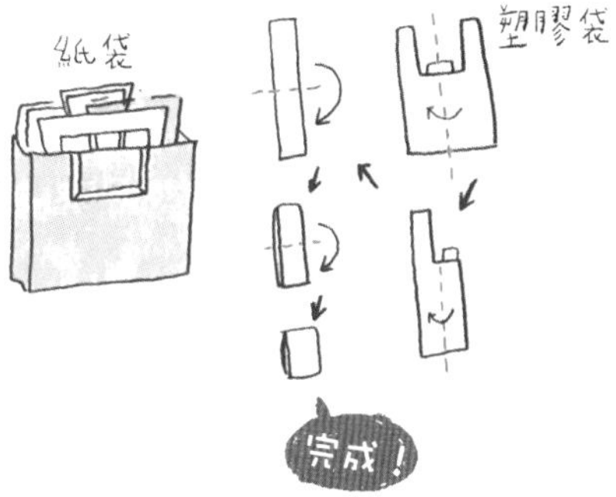

洗碗用品

洗碗精與菜瓜布應該避免被水花噴濺，以免產生水垢。建議收在流理檯下方，或是流理檯櫥櫃門後面的籃子裡。不過，如果菜瓜布很常用，放在流理檯上方也無妨。

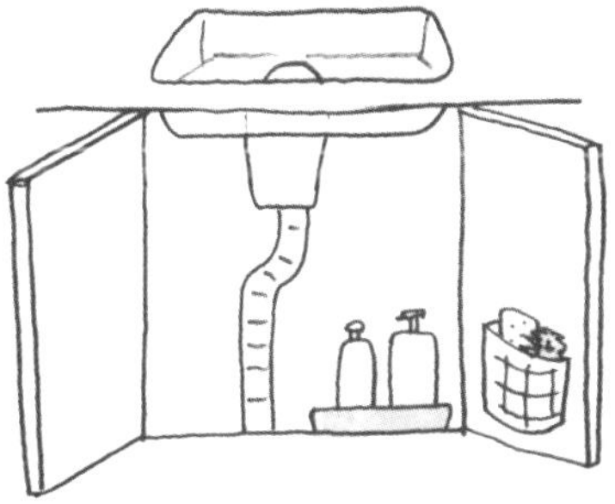

保鮮容器

除了琺瑯製品、塑料製品以外，密封瓶、保鮮罐也包含在內。如果可以堆疊的話，請將蓋子與瓶罐分開收納；瓶罐採堆疊式，蓋子則直立收納。

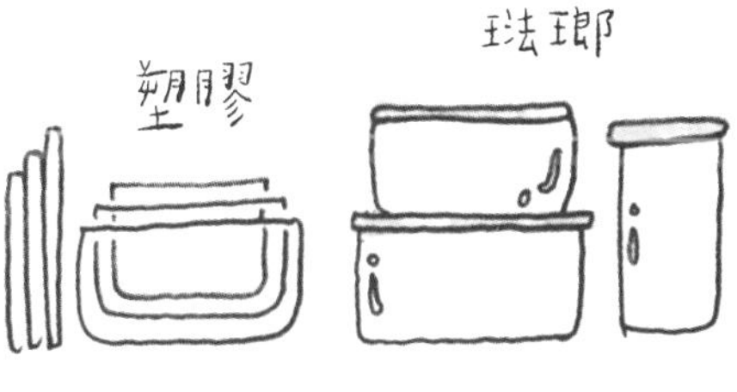

不要把冰箱裡的東西拿出來

冰箱裡面的食物很容易變質，所以不需要拿出來，只要大致看一下，然後丟掉過期品即可。如何收納呢？請為冰箱保留三成空間，用來存放當天吃不完的東西，或是別人贈送的食物。請將食物分門別類收納，小包裝調味料統統收在塑膠籃裡。

整理到現在，還有沒有其他雜物？

辛苦了！將代表性的雜物整理一輪後，家裡應該乾淨整潔多了吧？不過，每個人的生活型態不同，因此雜物也各有不同，應該還有一些不在前述分類裡的漏網之魚吧？最後，我們要來處理這些東西。

以下將介紹幾種容易殘留的雜物，如果裡頭沒有你要的，不妨自創新分類，或是全部歸類到「其他」區，總之一定要找地方安置它們。

將其餘雜物集中在一起，寫下你觀察到的特點

例如：・有好幾把塑膠傘。

・伴手禮鑰匙圈也太多了。

把其餘雜物全部集中在一個地方

如何整理這些其他雜物？

以下列舉我在課堂上常提到的代表性雜物，並提供判斷方法與收納方式。
請參考以下例子，將所有東西整理乾淨吧！

休閒用品

娛樂用具、露營器材組……休閒用品可真是五花八門。如果一年會用上好幾次，你也對它怦然心動，那麼就留下來。收納時不可以隨便收在塑膠袋裡，應該一併收在喜歡的箱子或袋子裡。

寢具類

床單與枕頭套不只要用摸的，還得聞聞看味道，以檢視心動度。如果放置太久，就算未開封也可能發霉，所以必須在發霉前拿出來使用。現在馬上就拿出來，讓它們透透氣吧！

特殊場合專用物品

聖誕節、萬聖節、女兒節等節慶用品，請想想「下次還想不想用」，不想要的話就丟掉。請按照主題分類，裝在衣物收納箱或箱子裡，每次使用前，都得先問問自己：「你心動嗎？」

待客用的棉被

待客用的棉被平時都收在櫃子裡，很容易發霉或長塵蟎。棉被也可以用租的，所以如果使用頻率不高，就趁機丟掉吧。收納棉被時，應該用一條令你心動的布當作防塵布蓋上去，將它當作客人一樣好好款待。

如果有空盒子，請留待整理紀念品時使用

整理環境時找到的空盒子，可以用來當作抽屜的小隔間，所以請務必留下來。整理完紀念品（參考97頁）後，還得決定物品的最終位置，屆時也能用空盒子來調整空間。

護身符

請在書櫃上層（要比視線高唷）設一個「我的神龕」，將無法帶在身上的護身符直立裝飾在該處，感覺比較莊嚴。一般來說，擱置一年以上的護身符，應該要請寺廟或神社代為「燒納」處理。

手機吊飾&鑰匙圈

老舊的手機吊飾與鑰匙圈，除了自己買的之外，也有很多是伴手禮或贈品。很多人連自己為什麼留著這些東西都不知道，所以如果不心動，就趕快丟掉吧。

鈕扣

你是不是心想「把備用鈕扣留著，萬一鈕扣掉了，才不會找不到替換品」，結果一次都沒更換過鈕扣？把莫名留著的鈕扣全丟了吧。如果有些鈕扣令你心動，就收進縫紉盒裡。

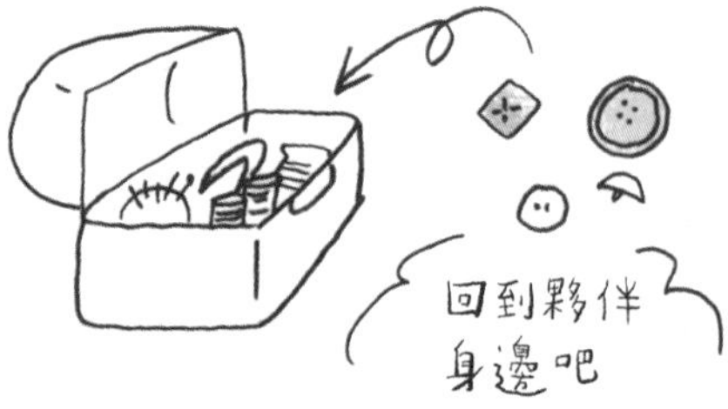

防災用品

緊急救難包與手電筒等防災用品，該藉機好好檢查一下了。一一檢查完內容物後，請收在玄關附近的儲藏室，或是臥房的壁櫥。記得要告知全家人喔！

傘具

其實，傘具只要全家一人一把就好，但是很多家庭都有傘具過多的問題。如果擱置不用，久了傘具就會變色、骨架生鏽，所以一定要打開來檢查。

布偶

布偶屬於「即使不心動，也很難丟棄的物品」，原因在於人們會覺得布偶好像在看自己，簡直像是有生命似的。建議將布偶放進紙袋裡，撒一把「淨化」的鹽，懷著「供養」的心情處理，比較不會過意不去。如果還是不知道該不該丟，請當成「紀念品」，留待97頁之後處理。

○ 寫下整理完雜物的感想

現在，所有的雜物總算整理完畢了。或許中途你曾懷疑：真的整理得完嗎？但恭喜你堅持到了最後！如果整理過程中，有些雜物「你很心動，卻不知道要用在哪裡」，不妨當作裝飾品，「擺設」「吊掛」或「貼出來」吧！把鑰匙圈掛在窗簾軌道上，或是將明信片、喜歡的布料貼在衣櫥門後面，都很不錯！結束後再環視房間一圈、拍下照片，趁著記憶鮮明時寫下感想。

【 範例 】

P.94-95

你最喜歡的「怦然心動雜物」是什麼？多選幾件也無所謂，拍照貼上或用畫的都OK。

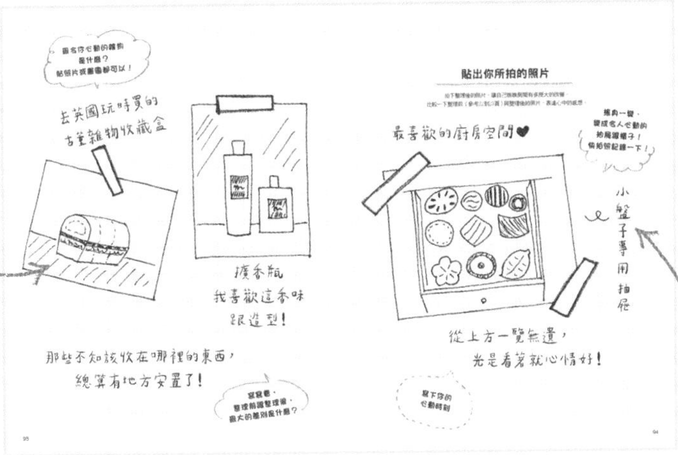

拍下充滿怦然心動物品的抽屜或櫃子，貼在此處。

P.96

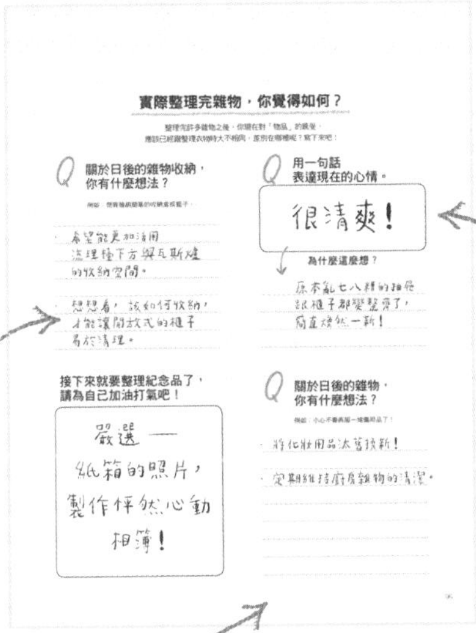

回想一下從前如何收納雜物，再想想今後該如何對待、收納雜物，然後寫下來，作為以後的參考！

恭喜完成一項大工程！寫下整理完許多雜物的感想，請按照直覺填寫。

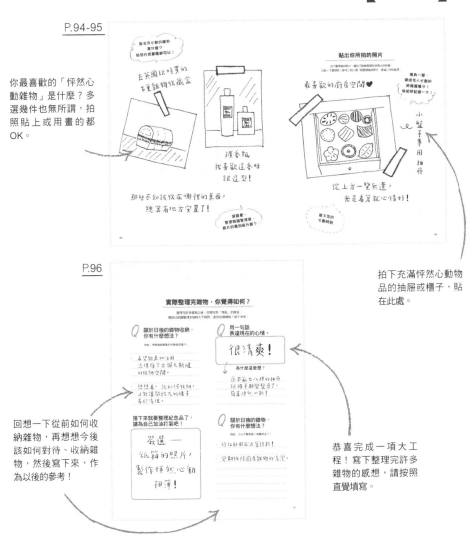

貼出你所拍的照片

拍下整理後的照片，讓自己瞧瞧房間有多麼大的改變。
比較一下整理前（參考22到23頁）與整理後的照片，表達心中的感想。

搖身一變，
變成令人心動的
抽屜跟櫃子！
快拍照記錄一下！

寫下你的
心動時刻

最令你心動的雜物
是什麼？
貼照片或畫圖都可以！

寫寫看，
整理前跟整理後，
最大的差別是什麼？

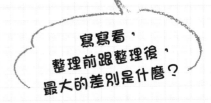

實際整理完雜物，你覺得如何？

整理完許多雜物之後，你現在對「物品」的感受，
應該已經跟整理衣物時大不相同。差別在哪裡呢？寫下來吧！

Q 關於日後的雜物收納，你有什麼想法？

例如：想買幾組簡單的收納盒或籃子。

Q 用一句話表達現在的心情。

為什麼這麼想？

接下來就要整理紀念品了，請為自己加油打氣吧！

Q 關於日後的雜物，你有什麼想法？

例如：小心不要再囤一堆備用品了！

來整理「紀念品」吧！

終於來到整理的最終階段了。「紀念品」滿載著回憶，算是最難取捨的物品，現在要來處理這部分！

你按照衣物、書籍、文件、雜物的正確順序一路奮戰至今，接下來，大膽相信自己的判斷力吧！

運用你的怦然心動力，來將過去的東西整理得整整齊齊、一乾二淨吧！

寫下開始與結束日期吧！

開始	年 月 日 點
結束	年 月 日 點

照著做，就不會被打回原形！

基本上還是依靠觸摸來判斷是否心動，不過畢竟紀念品已經是最後階段，所以也可以慢慢回味、整理。好好面對所有紀念品，不要留下任何遺憾。

1 收集

將家中屬於自己的紀念品全部找出來，集中在一個地方

第一步，就是將紀念品從整個家裡全部翻出來（包含從前面幾個章節中留存下來的物品）。至於容易分散在家中各處的照片，則留到最後整理。找一個空紙箱，先暫時將所有紀念品裝在紙箱裡。

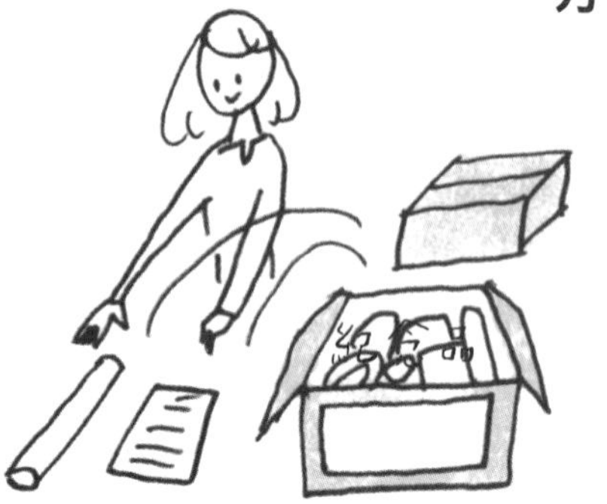

2 留下令你怦然心動的紀念品

稍微看一下紀念品的內容也無妨

如果老是擔心「丟掉這東西，我的回憶就不見了」，會妨礙怦然心動檢測的準確度。請各位明白：回憶，已經留存在你心中了。人生紀錄或信件類的東西，不妨仔細看過內容再判斷。

分類範例與判斷心動度的順序

按照分類檢視心動度時，可按照以下順序進行。建議先從「數量比較少」「屬於你自己」的物品開始檢視，覺得哪項比較簡單就從哪項開始，順序可自行調整。如果照片的重點是家人或情人，請留到最後的統整階段再整理。

學校的回憶

舊情人的回憶

充滿回憶的錄影帶、錄音帶

怦然心動的紀念品，
會使你的未來
璀璨耀眼。

3 收納

怦然心動的紀念品，應該要在顯眼處展示出來

既然都留下來了，就大大方方展示出來，好讓自己隨時都能感受到那股怦然心動。你可以打造一個一拉開就能看見紀念品的專屬抽屜，也可以掛在牆上展示。如果要收進盒子裡，請盡量準備一個令你心動的盒子。

如何過濾紀念品

相信自己對於怦然心動的判斷力

此處最重要的，就是相信自己那份心動的感覺。一路走來，過濾了那麼多物品的你，在這方面是不會出大錯的。相信自己！

想想看，未來的自己需要這東西嗎？

既然要留下來，一定得好好運用才行。請你好好面對它，捫心自問：「這個紀念品，可以讓未來的我怦然心動嗎？」

怦然心動居家整理
最終階段

照片　其他　小孩的作品　信件　人生的紀錄

來整理照片以外的紀念品吧！

那些曾經令你心動的紀念品，滿載著多少回憶呀。有些人或許會捨不得放手，但是真正重要的回憶，並不會隨著物品一併被丟棄。

整理紀念品的過程中，你必須面對過去，與過去做個了結。每件紀念品都要親手觸摸，選出能使你的未來發光、發熱的東西。照片比較花時間，所以建議先從其他東西著手，一鼓作氣完成。這一章將重整你的人生，請捲起袖子，來為整理做個總結吧。

將所有物品集中在一起，寫下你所觀察到的特點

例如：

・找到小學時代的通知書。

・有好幾捲錄音帶。

・找到好幾本日記，內容不堪回首。

上次打開回憶收藏盒，是幾年前的事？

一件一件觸摸，只留下心動的物品

我們不是活在過去，而是活在當下。與其緬懷紀念品蘊含的過往榮光，不如問問自己：現在幸福嗎？請好好與自己的心靈對話。

可以閱讀日記與信件嗎？可以！

整理書籍時禁止深入閱讀（參考53頁），但是，紀念品可以盡量閱讀。不過，如果看了難受，就不必勉強自己，等時間久了，再重新檢測一次。

面對不心動的物品，請在道謝之後放手

數量大約多少？

例如：兩大袋、一箱紙箱。

如何整理紀念品？

以下將按照分類介紹如何過濾、丟棄與收納紀念品。
整理的時候，請記得問問自己：將來，我真的需要這東西嗎？

充滿回憶的影片、錄音帶

記錄旅遊點滴或婚禮的DVD、藍光與CD光碟，如果你不確定裡頭是什麼，可以播放前面一小段看看。至於錄影帶、錄音帶，如果家裡沒有播放設備，可以請人將令你心動的影片與錄音帶轉成數位檔案（不過，一定要在將東西收進櫃子前完成）。

學校的回憶

成績單只能留下印象最深刻的那張，至於畢業證書，則是將所有畢業證書收進其中一個證書筒就好。獎盃只展示最重要的那幾座，盡量不要占太多空間。而說到捨不得丟掉的制服，其實只要穿上去緬懷一下過去，就比較能回到現實、果斷放手，所以建議站在鏡子前檢測。

千萬不要全部裝箱寄回老家

就算老家有空間，也不能將紀念品裝箱寄回老家。一旦寄回去，你就不會再打開，也失去了好好面對過去的機會。

舊情人的回憶

如果你想要新的良緣，最好是快刀斬亂麻，將前任的紀念品統統丟掉。假如是日常生活中使用的飾品或包包，只要不會喚起你的回憶，還是可以繼續使用。若是要丟掉，請撒入一把粗鹽，心懷感恩地與它道別。

小孩的作品

如果你不忍心丟掉孩子送你的作品，那就留下來好好保存吧！比如打造一個作品展示區，或是裝進特別的收藏盒，三不五時回味一下。等你回味夠了，或許就能果斷放手了。

人生的紀錄

翻開日記與記事本，從中選出「最怦然心動的一年」，再將那一年的日記或記事本留下來就好。至於母子手冊或寶寶手冊，如果現在看了還是感到心動，那就留下來吧。如果要留下旅遊票券的票根，請貼在剪貼簿裡，方便隨時翻閱。

其他

從衣物或雜物類分過來的物品，請在此重新檢視一下是否心動。說不定此時你已經冷靜下來，捨得放棄某些物品了。如果還是覺得很心動，那就拿出來好好使用，感受它帶給你的感覺。

紀念品會持續增加，請記得定時檢查、整理

今後，你的紀念品還是會繼續增加，不過一旦回味夠了，就能安心放手。至於已無法使用、只能純粹留念的物品，不妨打造一個專屬收藏盒，將它們統統裝進去。每過一段時間，就回頭檢視一下，將不再令自己心動的紀念品丟掉。

信件

將信件一一打開來看，再把要丟掉的信裝進不透明袋子裡，丟進垃圾袋。有些信即使現在重讀依然備感溫馨、令人振奮，應該好好珍藏。請將它們裝進盒子裡，並收在濕氣較低的地方，以防止紙張劣化。

整理完照片以外的紀念品，你覺得如何？

紀念品已經整理得一乾二淨，只剩下最後的照片了。
你坦然面對了自己的過去，趁著剛整理完，來記錄一下此刻的心情吧！

Q 關於日後的紀念品收納，你有什麼想法？

例如：想要一個適合裝信件的美麗盒子。

Q 用一句話表達現在的心情。

為什麼這麼想？

現在的你，跟整理環境前有什麼差異？

Q 關於日後的紀念品，你有什麼想法？

例如：去看一下擱置在老家的紀念品吧。

整理照片，為「怦然心動居家整理」劃下句點！

整理紀念品的最終階段——整理照片，將為「怦然心動居家整理」劃下句點。

照片記錄了你人生的許多時刻，數量非常龐大，如果在還不具備足夠判斷力的情況下整理，肯定會半途而廢、難以收拾。不過，你現在的怦然心動判斷力已經進步不少，儘管拿出信心吧！

基本上要一張一張拿出來檢視，但如果你已經完成一本怦然心動相簿，直接略過也沒關係。

將所有照片集中在一起，寫下你觀察到的特點

例如：・有好幾張相似的照片。

・一大堆舊底片。

・有些相簿都變色了。

怦然心動的相簿
就直接留下來吧！

一件一件觸摸，只留下心動的照片

基本上，舊底片全都要丟掉。丟掉不心動的風景照，再從構圖相似的照片中嚴選出一張最棒的照片。挑選照片時，建議按照年代順序排列在地板上，可以親眼回顧自己人生的各個階段，整理起來別有一番樂趣。

全家福照片，建議跟家人一起整理

全家福的照片，建議跟家人一起整理。全家人一起回憶往事，熱熱鬧鬧地挑選照片，將使這段過程變得更快樂，而且全家一起挑選的心動照片，才是全家人的寶物。

留下來的照片，請維持在令你心動的狀態

將留下來的照片按照年代整理完畢後，請統統收進「怦然心動相簿」裡。如果有幾張特別喜歡，不妨擺出來展示。隨時都能回顧美好的回憶，回憶就能發揮最大的價值。

別把留下來的照片丟進盒子裡

好不容易將照片整理完畢，如果直接丟進盒子裡，會大大減少你看照片的機會，太可惜了。請務必好好收進相簿，日後才能隨時翻閱、回顧。

面對不心動的照片，請在道謝之後放手

數量大約多少？

例如：一紙箱的照片，二十本小相簿。

照片要先裝進信封或紙袋裡再丟棄

人物照很難丟棄，因為大家總覺得裡面的人在看自己。如果照片有兩張以上，請將正面彼此相疊，裝進不透明的紙袋或信封裡丟掉。若是想跟照片裡的人斷絕緣分，請撒下一把鹽。

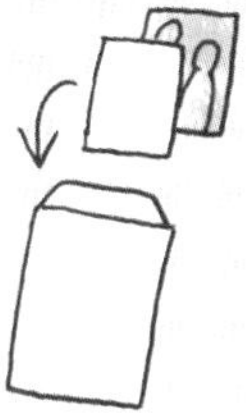

實際整理完照片，你覺得如何？

整理完一大堆照片，你現在是什麼樣的心情呢？
請坦然面對現在的心情，並好好想想今後該怎麼做，這兩點非常重要。

Q 關於日後照片的整理與收納，你有什麼想法？

例如：好想趕快去買一些令我心動的相簿。

Q 用一句話表達現在的心情。

為什麼這麼想？

你所選出來的心動物品，全都想「幫上你的忙」

一路從衣物、書籍、文件、雜物到紀念品，你總算完成「怦然心動居家整理」了。現在圍繞在你四周的，全都是經過精心挑選的心動物品。今後你將與這些心動物品共度人生。有一件事情，我想請你答應我，那就是：「請感謝物品的付出」。回家脫下鞋子，請對鞋子說：「謝謝你負載了我一整天。」脫下衣服，請對衣服說：「謝謝你溫暖了我一整天。」擱下包包，請對包包說：「謝謝你保護了我的隨身物品一整天。」請對當天每一樣幫過自己的物品心懷感恩，好好將它們物歸原位，對它們說說話。即使無法每天做到，偶爾也要感謝它們，這一點非常重要。

每一樣歷經無數過程才與你相遇、來到你家的物品，都是世界上獨一無二的。人與物品之間的緣分，就跟人與人之間的緣分一樣重要，而且意義非凡。你所選出來的所有物品，全都想幫上你的忙；就算被你丟掉了，「想幫助你」的能量還是殘留著，日後會變成令你心動的物品，輾轉回到你身邊。現在你所割捨的許多東西，也依然期待日後能改變型態，與你重逢。

請讓怦然心動的物品在生活中物盡其用

- 盡量多多使用
- 使用時請珍惜
- 感謝它，慰勞它

物盡其用，才能讓物品散發光輝。你喜歡的杯子，不應該放在櫃子裡生灰塵。將杯子拿出來使用，你自然會珍惜它，倒茶的姿勢也會變得優雅、有禮。如此一來，入喉的好茶，也會激發你感恩的心。讓怦然心動的物品物盡其用，你的幸福時光也會隨之到來。

整理完所有物品後，你的人生將產生戲劇性的變化

整理完所有物品後，每樣東西都有固定的存放位置，從今天起，你只要將用過的東西物歸原位就好。如此一來，你也不會因為不知道要把東西放哪裡而隨手亂丟，房間再也不會凌亂；你知道自己要的東西放在哪裡，不需要再花時間尋找，生活頓時變得輕鬆多了。從今天起，再也不用為了整理家裡而頭大了！

整理居家環境，會使人生產生很大的變化，這是毋庸置疑的。透過一一觸摸物品、詢問自己：「我對它心動嗎？」你對自己的判斷力也越來越有自信，進而喜歡上自己。一旦明白自己喜歡什麼、對什麼感到心動，就能明白自己真正想做的事。有人丟掉一大堆名片後，從新的人際關係得到工作上的機會；有人整理完書櫃後，想起自己真正想做的事，進而轉換工作跑道；許多人在整理完居家環境後，人生便產生戲劇性的變化，案例多到數不清。

好了，整理慶典已告一段落，你覺得什麼事最令你心動呢？整理完居家環境後，你的人生才正要開始呢！從今以後，請將自己的時間與熱情，全部投注在怦然心動的事物上吧！

整理完畢後的兩大變化

對自己的判斷力
產生自信

＝

變得
更喜歡自己

只需要將東西物歸原位，
就能完成日常整理

＝

生活變得
更加輕鬆

整理完所有的東西，你覺得如何？

辛苦了！現在，所有的東西都整理完了。
請為乾淨整齊的房間拍張照、貼上來，並寫下你現在的心情，以及未來的展望。

日後東西
變多也不怕！

請寫下
現在的心情

接下來
想挑戰什麼？

後記

整理慶典結束了，辛苦了！

嘗試「怦然心動居家整理」之後，你覺得如何呢？現在，四周全都是你最喜歡的怦然心動物品，你心裡應該感到很暢快，覺得冥冥中有股力量在保護自己，對吧？

不過，有些人或許擔心：「整理完畢後，萬一東西又變多，被打回原形怎麼辦？」也有些人總覺得心裡不踏實，因為「有些東西的收納位置好像怪怪的」。

即使如此，也不需要嚴格制定規矩（比如買一樣東西，就丟一樣東西），我建議你應該透過日常生活中與物品的相處，順其自然地鍛鍊自己的「怦然心動敏銳度」。

關鍵在於，必須對自己的東西常懷感恩。此外，每天也應該多多發掘一些小小的怦然心動，讓自己覺得「我好幸福唷」。

比如說，打開窗戶吹著風，覺得很舒服；或是在睡前將廚房清理得亮晶晶；任何芝麻蒜皮的小事都行，請你先從享受日常生活的怦然心動開始做起。久而久之，你將越來越能察覺，心底真正感到心動的是什麼。「唉，我還是無法對這包包心動耶」「這件毛衣也該功成身退了」，你的心會告訴你這些感覺，到時只要放手就好。

一旦整理慶典結束，基本上就不需要再來一次慶典了。不過，若是遇見人生的轉捩點，我十分建議來一場小型整理慶典。

就拿我來說吧，在生下小孩之前，我也丟掉了幾樣東西，調整了收納位置。隨著轉換人生舞臺，也該重新檢視自己擁有的東西，你才能明白自己當下的心情，以及心理狀態。

如此一來，你將看清楚迎向新舞臺的任務是什麼，一切都將豁然開朗。

如果你成功減少了囤積物，卻無法拿出自信設置收納位置，與其一個人煩惱，不如向專家求助吧！有許多專業的整理師，不妨找他們討論一下體驗課程的事宜。

希望你今後的人生，能夠感受到更多怦然心動！

近藤麻理惠

國家圖書館出版品預行編目資料

麻理惠的怦然心動筆記：整理專家的第一本插畫問答整理魔法書／近藤麻理惠 著；林佩瑾 譯.
-- 初版. -- 臺北市：方智出版社股份有限公司，2021.10
112面；18.2×23.7公分. --（方智好讀；144）
譯自：The KonMari Companion
ISBN 978-986-175-634-9（平裝）
1.家庭佈置
422.5　　110013896

Eurasian Publishing Group
圓神出版事業機構
方智出版社 Fine Press

www.booklife.com.tw　　reader@mail.eurasian.com.tw

方智好讀 144

麻理惠的怦然心動筆記：

整理專家的第一本插畫問答整理魔法書

The KonMari Companion

作　　者／近藤麻理惠
譯　　者／林佩瑾
發 行 人／簡志忠
出 版 者／方智出版社股份有限公司
地　　址／臺北市南京東路四段50號6樓之1
電　　話／（02）2579-6600 · 2579-8800 · 2570-3939
傳　　真／（02）2579-0338 · 2577-3220 · 2570-3636
總 編 輯／陳秋月
副總編輯／賴良珠
主　　編／黃淑雲
責任編輯／陳孟君
校　　對／溫芳蘭 · 陳孟君
美術編輯／林雅錚
行銷企畫／陳禹伶 · 王莉莉
印務統籌／劉鳳剛 · 高榮祥
監　　印／高榮祥
排　　版／陳采淇
經 銷 商／叩應股份有限公司
郵撥帳號／18707239
法律顧問／圓神出版事業機構法律顧問　蕭雄淋律師
印　　刷／祥峰印刷廠

2021年10月　初版
2022年2月　3刷

定價 320 元　　ISBN 978-986-175-634-9　　　　Printed in Taiwan